面向"十三五"城市园林工程与规划设计专业立项教材

现代林业技术

主 审 翟学昌

主 编 宋墩福 李心媔

副主编 彭 丽 刘郁林 曾赣林

吴学军 黎 曦 王福荣

中国商业出版社

图书在版编目(CIP)数据

现代林业技术 / 宋墩福，李心婳 主编.—北京：
中国商业出版社，2018.6
ISBN 978 - 7 - 5208 - 0254 - 3

Ⅰ. ①现… Ⅱ. ①宋… ②李… Ⅲ. ①林业 - 技术 -
高等学校 - 教材 Ⅳ. ①S7

中国版本图书馆 CIP 数据核字(2018)第 029291 号

责任编辑：蔡 凯

中国商业出版社出版发行
010 - 63180647　www.c - cbook.com
(100053　北京广安门内报国寺 1 号)
新华书店经销
北京市兴怀印刷厂印刷
＊　＊　＊　＊　＊
787×1092 毫米　1/16　　印张　12　　260 千字
2018 年 6 月第 1 版　2018 年 6 月第 1 次印刷

定价：42.00 元
＊　＊　＊　＊
(如有印装质量问题可更换)

前　言

自 20 世纪以来，我国的林业技术已经得到快速发展，新理论、新观念、新技术、新成果不断涌现，很多新技术也被应用到林业生产中，林业前沿技术与发达国家的差距已经越来越小，但我国基层林业的发展相对较慢。提升基层林业从业人员的科学、技术素养，直接关系到我国林业的整体发展水平。针对基层林业技术人员的特点及教学实践，对林业相关技术进行内容重组，既能体现技术的实用性，又能突出实践能力培养的基本要求。

本教材由江西环境工程职业学院宋墩福和李心婳任主编，彭丽、刘郁林、曾赣林、吴学军、黎曦、王福荣担任副主编；参编人员有陈叶、张凤英。具体分工如下：第 1 章由陈叶编写；第 2 章由彭丽编写；第 3 章由翟学昌编写；第 4 章由刘郁林编写；第 5 章由吴学军编写；第 6 章由曾赣林编写；第 7 章由黎曦编写，全书由翟学昌统稿，翟学昌担任主审。

本书在编写过程中得到了江西省林业厅及江西环境工程职业学院各位领导的大力支持，在此表示感谢。

鉴于编写时间较紧及编者水平有限，书中难免有错漏之处，敬请各位读者批评指正。

编者

2018 年 6 月

目 录

第1章 森林环境

1. 森林环境概述

1.1 森林结构特征

1.1.1 森林

森林是以乔木为主的具有一定面积和密度的木本植物群落,受环境的制约又影响(改造)环境,形成独特的(有区别的)生态系统整体。森林已不单纯是一个客观存在的自然体,而是与人类息息相关的以木本植物为主体的生物生态系统和环境生态系统。人们只有正确地认识森林、合理地保护和利用森林,才能最大限度地发挥森林的多重效益。具体来说,森林指的是由乔木、直径1.5厘米以上的竹子组成且郁闭度在0.20以上,以符合森林经营目的的灌木组成且覆盖度达30%以上的植物群落。包括郁闭度在0.20以上的乔木林、竹林和红树林,国家特别规定的灌木林、农田林网以及四旁林木等。

森林是一个复杂的整体,而非树木的简单聚合。除了乔木以外,还有许多灌木、草本植物、苔藓、地衣、蕨类等植物成分以及各种动物、微生物等成分。森林生物成分之间、林木彼此之间相互作用、相互影响,每株树木都处在邻近树木的包围中,各自占有有限的营养空间,而且互相庇荫、互为环境因子。密集生长在一起的林木创造了一种比较稳定、庇荫的环境,使林内的植物、动物、微生物各得其所,相互促进、自由生长,并且林内每株树木的生长都被限制在一定的空间范围内。林木为了争得充足的阳光而迅速向上生长,下部的枝条则加速死亡脱落,致使林木的树干一般高大、通直、圆满,自然整枝良好,枝下高长,树冠较小,且多集中于树干上部。这同生长在空旷地上,树干粗矮尖削、树冠庞大、枝下高短的同龄孤立木有着显著区别。

1.1.2 森林结构特征因子

(1)森林的层次

① 乔木层 是所有乔木树种的总称,位于森林群落的最上层,是森林的主体,其树冠的

枝叶表面可吸收到充足的阳光进行光合作用。在乔木层中，通常高大的树种处于最上层，稍矮的则处于次层或更下一层，这样，就使林冠分布于不同的层次上了。由此便有了林层（林相）的概念，它是指乔木树冠的垂直配置所构成的层次。

按林层（林相）一般可将森林分为单层林和复层林。单层林是指林冠高低相差不大，分不出明显的层次，也就是仅由一层林冠组成的林分。复层林是指林冠高低有一定层次，即由两层以上林冠组成的林分，有时又称为双层林、三层林等。在复层林中，植株最多、盖度最大的层次为主林冠层，其他则为次林冠层。主林冠层可能是乔木层中的第一层，也可能是第二层。主林冠层对光照的吸收、反射和透过有很大的影响，因而也影响到了主林冠层下光量和光质、温度、湿度等小气候条件，对林内小环境的形成起着主导性作用。

乔木层中的树种因其经济价值、作用和特点的不同，又分为以下几类。

优势树种又称建群树种。它是群落中数量最多的树种，它决定着群落特点、支配环境。

主要树种又称目的树种。是符合人们经营目的的树种，一般具有最大的经济价值。主要树种同时又是优势种，但是在有些天然林中，主要树种不一定数量最多；在次生林中，往往缺少主要树种。

伴生树种又称辅佐树种。它是陪伴主要树种生长的树种，一般比主要树种耐荫，生长速度同步而终生高度略低。伴生树种的作用主要是促使主要树种干材通直，抑制其萌生条和侧枝发育。在以防风为主的防护林带中，伴生树种可增加树冠层的厚度和紧密度，提高防护效益。

次要树种又称非目的树种。它是群落中不符合经营目的要求的树种，经济价值低。木材松软的软杂木多属于次要树种。次生林大多由次要树种组成。

先锋树种稳定的森林被破坏后，迹地裸露，小气候剧变，稳定群落中的原主要树种难以更新，而不怕日灼、霜害的喜光树种则适者生存，占据了地盘，被誉为先锋树种。

② 灌木层　处于乔木层以下，是所有灌木型木本植物的总称，包括灌木及生长不能达到乔木层高度的乔木。在林业上灌木层有时也被称为下木层。到达灌木层的光照强度大为减弱，因此这一层适应弱光照的树种生长，树种一般都具有一定的耐荫性。灌木层在对改变林内的小气候、促进林木的自然整枝、改良林地土壤、截拦地表径流、防止土壤侵蚀、促进天然更新等方面都具有很大作用。

③ 草本植物层　位于灌木层之下，生长在森林的最下一层，覆盖在林地表面，包括地衣、苔藓在内的所有草本植物统称为草本植物层。为了与覆盖在土壤表层的死地被物（枯落物和一切死有机体）相区别，因此又称为活地被物层。

在该层次中，光照强度显著减弱，一般占入射光的1%~5%，故在某些稠密的森林内往往草本植物稀少。在落叶林内，草本层中早春的喜光种类有一定数量，而常绿阔叶林下的草本大多由耐荫种类组成。草本层对林地有遮庇和改良性作用，它们可作为判断林地土壤性质的依据之一，如林下大叶、肉质多汁的植物较多，通常表明土壤较为潮润肥沃。但茂密的草本层对天然更新常有一定妨碍性作用。

④ 层外植物 又称层间植物。是林内没有固定层次的植物成分,如藤本植物、附生植物、寄生植物,以及土壤中的细菌、真菌、藻类等。层外植物往往是湿热气候的标志。层外植物具有双重性:有的具有很高的经济价值,有的缠绕在树干上可使林木致死,被称为"绞杀植物"。

森林的成层现象既包括地上部分,也包括地下部分。地下成层现象主要是由不同种植物的根系类型、土壤理化性质、土壤水分和养分状况而形成的。一般情况下,林木的地下根系层次常与地上的层次相对应。例如,乔木的根系入土较深,灌木的根系较浅,草本的则多分布于土壤表层。乔木的根系又有深根性与浅根性之分。位于上层的喜光树种多属深根性,而下层的耐荫树种则多为浅根性。也就是说,不同层次内的乔木数种,其根系的分布也不在同一层次内,从而可以更充分地利用土壤的养分。

总之,森林的层次是森林植物与环境作用的结果,具有重要的生态意义,林内各层植物都分别占有适合其本身生长的小生境,而此小生境又依赖于其上面的各个层次,特别是主林层。在发育完好的森林中,各个层次的植物种类都具有相互适应和相对稳定性,各个层次特别是下层对位于其上面的层次具有更大的依赖性。如果上层林木被毁,必然会导致林内环境的改变,原来依附于上层林木而存在的下层植物自然也会跟着消失,或被另外一些植物所代替。

(2)森林的起源

森林的起源即森林发生的方式,通常是指森林最初发生的方式,它是描述林分中乔木发育来源的标志。在林业生产实践中,按照森林的起源,可将森林分为天然林和人工林两类。

天然林是指天然下种、人工促进天然更新或萌生形成的森林、林木和灌木林(不含人工林采伐后萌生形成的森林)。

人工林是指人工植苗(包括植苗、分植、扦插)、直播(穴播或条播)或飞播方式形成的森林、林木、灌木林(包括人工林采伐后萌生形成的森林)。

无论是天然林还是人工林,凡是由种子为起源的森林均称为实生林。当原有林木被采伐或自然灾害(火烧、病虫害、风害等)破坏后,有些树种可由根茎上萌发或由根蘖而形成森林,称为萌生林或萌芽林。幼小的萌生林常成簇状生长。萌生林大多数为阔叶树种,如山杨、白桦、栎类等;少数针叶树种,如杉木,也能形成萌生林。

确定林分起源的方法主要有考察已有的资料、现地调查或访问等。在现地调查时,可根据林分特征进行判断。如人工林有较规则的株行距,林木分布比较均匀整齐,树种较单纯,多为单纯林,或者几个树种在林地上的分布具有某种明显的规律性。同时,树木的年龄基本相同,一般为同龄林,林下植物种类也相对单一;而天然林则相反,没有规则的株行距,林木分布不均匀,没有规则的树种结构和比例,林下植物种类较多,林内生物多样性较为丰富。

(3)森林的组成

森林的组成较为复杂,有生物成分中的乔木、灌木、藤本、草本、苔藓、地衣、蕨类、动物、微生物等也有非生物中的光、热、水、气、土等。但在森林群落中，乔木是最引人注目的部分，也是各种效益最大的部分。由于乔木树种的建群作用，其他与其共同生活的一些植物、动物的种类组成、数量、生长状况都随着乔木结构特点的变化而变化。因而在林业生产实践中，森林主要就是由乔木树种组成的。所谓树种组成，是指组成森林的乔木树种及其所占的比重。根据树种组成的不同，可将森林划分为单纯林和混交林。

单纯林（纯林）是指仅由单一树种组成的森林。然而，除了人工林外，在自然界只有一种树种组成的森林是较为少见的。因而，在森林经营中常将虽有几个树种组成，但某一树种占绝对优势，其他树种所占比重不足一成的森林也称为单纯林。

混交林是由两个以上树种组成的森林。在混交林中数量占优势的树种称为优势树种，其他数量较少的树种则称为混交树种。在森林经营中有时还将树种分为目的树种和非目的树种。目的树种通常是指经营价值较高的树种，是人们培育经营的对象；其他的则称为非目的树种。目的树种和非目的树种，主要是根据不同地区的林木生长情况，符合一定经营目的要求来确定的。

树种组成以十分法表示，如 10 华，表示华山松纯林；8 松 2 栎，表示松占 80%，栎占 20%。树种在林分中所占的比重不足 1 成，仅有 2%~5% 时，以"+"号表示；在 2% 以下时，则以"-"号表示，如 8 松 2 栎 + 椴 - 榆，表示林分中松占 8 成、栎占 2 成，椴不足 1 成，仅为 2%~5%，榆所占的比重在 2% 以下。其中的百分比可以根据各树种的株数或蓄积量占总株数或总蓄积量的比例来确定。

（4）森林的郁闭度和密度

① 郁闭度　郁闭度是指林冠投影面积与林地面积之比，它可以反映一片森林中林冠彼此衔接的程度或是林冠遮盖地面的程度。通常以十分法表示，即 0.1、0.2、0.3、0.4、0.5、0.6、0.7、0.8、0.9、1.0。常将其分为以下几个等级：郁闭度在 0.1~0.19 为疏林地；0.2~0.4 为弱郁闭度；0.41~0.69 为中郁闭度；0.7 以上为密林地。

郁闭度的大小与树种及环境条件有关。喜光树种形成的森林郁闭度常较小，通常在幼龄期还可能保持较高的郁闭度，后期因林冠疏开，最大郁闭度也只在 0.7 左右。耐荫树种组成的森林郁闭度较高，几乎在整个生长发育过程中都会保持高郁闭度的状态。同时气候、土壤条件与郁闭度的大小也有密切关系。一般气候寒冷、土壤干燥瘠薄处的森林郁闭度较小，水肥条件优越地区的森林常具有较高的郁闭度。森林郁闭度的大小反映森林对光能的利用程度。郁闭度大，对光能的利用比较充分；郁闭度小，对光能的利用率则低。森林郁闭度大小对林冠下的光照强度和质量有着很大影响，郁闭度大，林冠下的光弱，且生理辐射少，因而就会影响到下木、活地被物和幼苗、幼树的生长发育。

林冠的郁闭状态可以分成两类：水平郁闭和垂直郁闭。水平郁闭是指树冠基本上在一个水平面上互相衔接。单层林的林冠即为水平郁闭。单纯林，尤其是针叶树的单纯林，在大多数情况下具有这个特点。垂直郁闭是指树冠高低参差不齐，上下呈镶嵌排列的郁闭状态。复层林的林冠即为垂直郁闭。垂直郁闭通常比水平郁闭更能充分地利用太阳能，因而可获得比较高的生物量。但不是所有的垂直郁闭都比水平郁闭优越，其主要取决于培育森林的技术水平和林冠的结构特征。

②密度　密度是指单位面积上林木株数的多少。它可以反映林分中每株树木平均所占营养面积的大小，由此可以衡量林木在一定的年龄阶段对林地的利用程度和生长发育的状况。

林分的密度常因树种和立地条件的差别而不同。在相同的年龄下，天然林中一般喜光树种组成的森林密度较小，耐荫树种组成的森林密度较大。土壤、气候条件恶劣的地区林分中单位面积的株数较少；土壤肥沃，温、湿条件较好的地区，单位面积的株数较多。但在同一气候区内，立地条件较好的林分，由于林木生长迅速、自然稀疏强烈，林木株数常较少。人工林单位面积的株数，在幼龄林期是由栽植密度（初植密度）所决定的。栽植密度是人工林营造的重要部分，栽植密度过大或过小都不利于未来森林的发展，应根据不同树种的特性和森林培育目的设计不同的栽植密度。

郁闭度、密度二者常有一定联系，但并不是完全一致的。有时林分密度大，其郁闭度也大，但郁闭度大的林分，其密度有时并不大。在林业经营中，力求采用新的林业技术，使林分中的林木能够最充分地利用光能、空间和地力，形成对林木生长最有利的密度和郁闭度，以期达到最大的生产量。

(5)森林的年龄

① 概念　森林的年龄通常是指林分内林木的平均年龄，它是森林生长发育的指标，代表林分所处的生长发育阶段。人工林的年龄比较一致，容易确定林分的年龄，而天然林中的林木年龄很少绝对相同，因天然下种和更新的时间不同，在年龄上相差很大，因此，通常用龄级而不是以年为单位来表示林分的年龄。

②表示方法　龄级：林木在一定年龄范围内（5 年、10 年、15 年），个体生长发育特点相似，经营方式相同，这个年龄范围称为龄，级用Ⅰ、Ⅱ、Ⅲ……表示。

20 年一个龄级：适用于生长慢、寿命长的树种，如云杉、冷杉、红松、樟、栎等。

10 年一个龄级：适用于生长和寿命中庸的树种，如桦木、槭树、油松、马尾松和落叶松等。

5 年一个龄级：适用于速生树种和无性更新的软阔叶树种，如杨、柳、杉木、桉树等。竹子一般 1 年或 2 年为一个龄级，因为它生长迅速，龄级期长了就反映不出它的变化，对指导生产极为不利。

③年龄分类　森林按年龄结构的不同，可以区分为同龄林和异龄林。林分内林木年龄相差不超过一个龄级的为同龄林，年龄相差超过一个龄级的称为异龄林，林分的林木年龄完全一致的称为绝对同龄林。绝对同龄林在天然林中是难以找到的，而人工林则在大多数情况下为绝对同龄林。

森林在自然状态下，形成同龄林还是异龄林，因树种的不同而异。一般喜光树种多会形成同龄林，因为喜光树种一旦占据了林地后，它们的幼树便难以在其林冠下成长起来；但耐荫树种却极易侵入林冠下而形成异龄林，这是因为它们的幼树能在林冠下忍耐一定庇荫而顽强生长。

森林的年龄结构还取决于其所处的环境条件，在极端恶劣的气候、土壤条件下，易形成同龄林，而较好的环境条件下则利于形成异龄林。

1.2 森林立地质量

1.2.1 立地质量的概念及意义

立地质量也就是通常所说的立地条件，是对影响森林形成与生长发育的各种自然环境因子的综合，是由许多环境因子组合而成的。这些因子共同称为立地因子。

立地因子：

①地形。包括海拔高度、坡向、坡形、坡度、微地形等；

②土壤。包括土壤种类、土层厚度、腐殖质层厚度与腐殖质含量、土壤侵蚀度、质地、结构、紧实度、PH 值、石砾含量、母质种类及风化程度等；

③水文。包括地下水位深度与季节变化、地下水矿化度与盐分组成、有无季节性积水及其持续期、水淹可能性等；

④生物。包括分布的植物种类，种的盖度、多度与优势种，群落类型以及病虫害状况等；

⑤人为活动。包括土地利用的历史沿革及现状，各种人为活动对上述环境因素的作用等。

有林地的森林分类与经营方式、方法都须考虑到其立地质量。造林地的立地条件对造林树种的选择、人工林的生长发育和产量、质量都起着决定性作用，不同立地条件的造林地上必须采用不同的造林技术措施。

1.2.2 立地质量的等级评价

林地生产力的高低与林分的高低之间有着密切关系。在相同年龄时，林分越高，说明立地条件对该树种越适合，林地的立地条件越好，林地生产力越高。而且，林分高反映了立地条件最敏感，也比较容易测定。所以，以既定年龄时林分的平均高或优势木的平均高作为评定立地条件高低的依据已为各国所普遍采用。在我国，常用的评定立地质量的指标有地位级和地位指数两种。

（1）地位级

一般按林分平均高（H）和林分年龄（A）来确定森林地位级。通常地位级分为 5 级，用罗马数字 I、II、III、IV、V 表示。I 级表示林地生产力最高，V 级表示林地生产力最低。林分的地位级可从地位级表中查出，依据林分平均高和林分年龄的关系编制成的表称作地位级表。使用地位级表评定林地的质量时，先要测定林分的平均高和林分年龄，由地位级表中即可查出该林地的地位级。

由于树种对外界环境条件有一定的生态适应性，同一树种生长在不同的立地条件下就会表现出不同的地位级。在相同的立地条件下，树种不同，所反映的地位级高低也不一致。所以，地位级表一般是按地区、按树种编制而成的。

在营造林时，能否遵循适地适树的原则对提高林地的生产力有着很重要的意义。

（2）地位指数

一般按林分上层高（HT）和林分年龄（A）来确定森林的地位指数。所谓上层高，就是指林分中优势木的平均高。在使用地位指数时，先要测定林分优势木的平均高和年龄，由地位指数表上即可查得该林分林地的地位指数级。查得的地位指数越大，表明林分立地条件对该树种越适合，立地质量越好，林分生产力也越高。依据林分上层高和林分年龄的相关关系，作为划分林地生产力等级的指数表称为地位指数表。

2. 光与森林

2.1 光对植物的生态作用

2.1.1 光谱成分对植物的生态作用

对植物影响较甚的光线主要是三大类，即紫外线、可见光和红外线，不同波长的光对植物生长有着不同的影响。可见，光中的蓝紫光与青光对植物生长及幼芽的形成有着很大作用，这类光能抑制植物的伸长而使其形成矮而粗的形态；同时，蓝紫光也是支配细胞分化最重要的光线；蓝紫光还能影响植物的向光性。紫外线使植物体内某些生长激素的形成受到抑制，从而也就抑制了茎的伸长；紫外线也能引起向光性的敏感，并与可见光中的蓝紫光和青光一样，促进了花青素的形成。可见，光中的红光和不可见光中的红外线都能促进种子或者孢子的萌发和茎的伸长。红光还可以促进二氧化碳的分解与叶绿素的形成。

此外，光的不同波长对于植物的光合作用产物也有影响，如红光有利于碳水化合物的合成，蓝光有利于蛋白质及有机酸的合成。因此，在农业生产上通过影响光质而控制光合作用的产物可以改善农作物的品质。

高山或者高原地区的植物，一般都具有茎杆矮短、叶面积缩小、毛茸发达、叶绿素增加、茎叶有花青素存在，花朵有颜色等特征，这是因为在高山上温度低，再加上紫外线较多的缘故。

2.1.2 光照强度对植物的生态作用

（1）光对苗木根系的影响

光照强度对树木根系的生长能够产生间接影响，充足的光照条件有利于苗木根系的生长，形成较大的根茎比，对苗木的后期生长有利；当光照不足时，对根系生长有明显的抑制作用，根的伸长量减少，新根发生数少，甚至停止生长。尽管根系是在土壤中的无光条件下生长，但它的物质来源仍然大部分来自于地上部分的同化物质。当因光照不足、同化量降低、同化物减少时，根据有机物运输就近分配的原则，同化物质首先给地上部分使用，然后才会送到根系，所以阴雨季节对根系的生长影响很大，而耐阴的树种则形成了低的光补偿点以适应其环境条件。树体由于缺光状态表现得徒长或黄化，根系生长不良必然导致上部枝条成熟不好，不能顺利越冬休眠，根系浅且抗旱抗寒能力低。此外，光在某种程度上能够抑制病菌活动，如在日照条件较好的土地上生长的树木，其病害明显会减少。

（2）光对植物胚轴延伸的抑制作用

光照能够抑制植物胚轴的延伸，如在弱光下苗茎的节间充分延伸形成细长的茎；而充足的光照则会促进组织的分化和木质部的发育，从而使苗木幼茎粗壮低矮，节间较短。因此，在水肥充足的条件下，大多数树种采用全光照育苗的方式能获得较高的产量并培育出健壮的苗木来。

（3）光对树木叶片形态结构的影响

光照强度是影响叶片结构的另一大重要因素。许多植物的光合作用适合在强光下进行，而不能忍受荫蔽，这类植物称为阳地植物（sun plant）。大多数农作物，包括水稻在内，都属于此类。另一类植物，它们的光合作用适合在较弱光照下进行，在全日照的条件下，光合效率反而会降低，这类植物称为阴地植物（shade plant）。许多林下植物都属于此类。叶是直接接受光照的器官，因此，其形态结构受光的影响也很大。

阳地植物的叶称为阳叶（sun‑leaf），由于受光受热较强，常倾向于旱性叶的结构。叶片一般较小，质地较厚。表皮上覆盖有厚的角质层；有的叶片表面密生绒毛或银白色鳞片，可以反射强光；气孔器小而密集，常会下陷；叶肉细胞小，排列紧密，叶色较浅，海绵组织不发达而栅栏组织发达，常有 2~3 层，有时在叶上下表皮都有栅栏组织。机械组织也很发达，叶脉长而细密。

阴地植物的叶称为阴叶（shade‑leaf），因为植物体长期处于荫蔽的条件下，其结构常倾向于水生植物的结构。阴叶的叶片大而薄，栅栏组织发育不良；细胞间隙发达，叶绿体较大，叶色浓绿，表皮细胞常有叶绿体，气孔器较少，表皮细胞角质层较薄。这些特点，适应于荫蔽条件下吸收并利用散射光来进行光合作用。

阳性植物的叶片在排列上常与直射光形成一定角度，叶镶嵌性不明显。而阴性植物的叶柄或长或短，叶形或大或小，使叶成镶嵌状排列在同一平面上以利用不足的阳光。同一植物上不同受光部位的叶片，其形态结构也会明显表现出阳性叶和阴性叶的性质。近顶部的叶和向阳面的叶，趋向于阳性叶结构，而荫蔽的叶则趋向于阴性叶结构。

（4）光照条件影响树冠的形态

喜光树种有明显的向光性，一般会形成稀疏和叶层较薄的树冠，透光度较大。若处在光照强度分布不均匀的条件下（如林缘），枝叶向强光方向生长茂盛，向弱光方向生长较弱，会形成明显的偏冠现象，有时甚至可能导致树干偏斜扭曲、髓心不正，而耐荫树种向光性较差，对弱光的利用程度较高，适应光照程度的范围较广，往往会形成比较浓密和叶层较厚的树冠，透光度较小。

2.1.3 光照时间对植物的生态作用

光照时间不仅影响植物光合作用时间的长短,对植物的开花结实也有较大影响。植物开花受白天与黑夜、光照与黑暗的交替及时间长短影响的现象称为光周期现象。

2.2 植物对光照的适应性分类

2.2.1 植物对光照时间的适应性分类

按照植物对光周期反应的不同,可将植物分为长日照植物、短日照植物和日照中性植物三个主要类型。

(1)长日照植物

长日照植物亦称为长日性植物。植物在生长发育过程中需要有一段时期,如果每天光照时数超过一定限度才能形成花芽,日光照时间越长,开花越早,凡具有这种特性的植物即称为长日照植物。反之,长日照植物如果给予比临界暗期(critical dark period)长的连续暗期的光周期,花芽便不能形成,或花芽形成受到阻抑。纬度超过60°地区的多数植物都属于此类。

在自然界里,当日照比较长的时候,花芽便进行分化,例如菠菜、天仙子、莳萝、高雪轮、小麦等。若暗期较短,随之而来的光期也短,花芽仍进行分化,即使给予长的暗期,如在暗期的适当时刻进行短时间的光照射花芽也能分化。临界暗期的长短因植物而异,多为10~14小时。在长日照处理前,多数植物需要进行低温处理。

(2)短日照植物

是指给予比临界暗期长的连续黑暗下的光周期时,花芽才能形成或促进花芽形成的植物。在自然界中,在日照比较短的季节里,花芽才能分化。例如菊花、水稻、牵牛花、苍耳、大豆等,都是属于短日照植物,即使日照较短,假如随后的暗期短于临界暗期,花芽仍不能形成,或即使给予足够的暗期,但在中途适当的时间进行短时间的光照(光中断)时花芽也不能分化。

(3)日照中性植物

指经过一段时间的营养生长后,只要其他条件适宜,在不同的光照条件下都能够开花的植物,如月季、紫薇等。

光周期不仅影响植物的开花,而且对植物的营养生长和芽的休眠也有明显的影响。通常延长光照时间能使树木的节间生长速度和生长期增加,而缩短光照则使其生长减缓,促进芽的休眠。如刺槐、白桦、槭树在长日照条件下能够维持生长,而在2~4周的短日照情况下则会停止生长。

树木在秋季停止生长,进入冬季休眠,也是在短光照诱导下完成的。城市里路灯两旁的落叶树木,在春天常比其他地方的同种树木萌动早,展叶早;在秋天落叶迟,休眠晚,即生长期明显延长,就是由于灯光使其处于长光照下生长发育,即缺乏短光照诱导落叶的信息。所以,可以利用短日照处理来促使树木提早休眠,准备御寒,增强越冬的能力。

2.2.2 植物对光照强度的适应性分类

树木一般需要在充足的光照条件下才能完成正常的生长发育。但是不同树种对光的需要量及适应范围是不同的，特别是对弱光的适应有着显著差别。一些树种能适应比较弱的光照条件，可在庇荫条件下正常生长发育；而另一些树种则只能在较强的光照条件下生长发育，忍耐庇荫的能力差。这是树种在系统发育过程中对光照条件长期适应的结果。

（1）喜光树种

指只能在全光照或强光照条件下才能正常生长发育的、不能耐荫蔽的树种，在林冠下一般不能完成下种更新，如马尾松、落叶松、刺槐、臭椿、杨、柳、桉树等。

（2）耐荫树种

能忍受庇荫，在林冠下可以正常更新，甚至有些只有在林冠下才能完成其更新的过程。这类树种包括暗针叶树及一些枝叶浓密的常绿阔叶树种，典型的耐荫树种如冷杉、云杉、杜英等。

有经验的林业工作者根据树木的外部形态常可以大致推知其耐荫性，方法简便迅速，其标准有以下几方面：

① 树冠呈伞形者多为阳性树，树冠呈圆锥形而枝条紧密者多为耐荫树。

② 树干下部侧枝早行枯落者多为阳性树，下枝不易枯落而且繁茂者多为耐荫树。

③ 树冠的叶幕区稀疏透光，叶片色较淡而质薄，如果是常绿树，其叶片寿命较短者为阳性树。叶幕区浓密，叶色色浓而深且质厚者，如果是常绿树，则其叶可在树上存活多年者为耐荫树。

④ 常绿性针叶树的叶呈针状者多为阳性树，叶呈扁平或呈鳞片状而表、背区别明显者为耐荫树。

⑤ 阔叶树中的常绿树多为耐荫树，而落叶树多为阳性树或中性树。

（3）中性树种

指介于以上两者之间的树种，如杉木、毛竹等。

2.3 调节光能利用率的途径

目前，在林业上采取的主要措施如下：

（1）合理密植，混交或林农间作；

（2）调整光合产物的累计消耗，主要通过抚育间伐、人工整枝等措施，调节林内光辐射状况，改善森林环境，促进林木生长发育，使林木速生丰产；

（3）加强水肥管理，主要应用在果树和经济林经营中；

（4）科学育苗，通过调节光照促进种子发芽；

（5）选育良种。

3. 温度与森林

3.1 林内温度特点

3.1.1 林内空气温度

（1）林内气温的日变化和年变化

在夏季和白天，由于林冠阻挡并吸收了部分太阳辐射，植物蒸腾又消耗了一部分热量，加之林内空气湿度大，增温也较慢，所以林内温度要低于空旷地。据报道，在南方杉木林内，夏季的温度比林外要低3.6℃～4.1℃。在冬季和夜晚，由于林冠的覆盖，阻挡了林内空气的对流和林内热量的扩散，使林内温度高于无林地2℃～3℃。

在一天或一年中，林内的最高温度低于空旷地，最低温度高于空旷地，即林冠减小了温度日较差和年较差，使林内温度变化趋于缓和。在中高纬度地区，林内温度日较差和年较差都比林外的空旷地小，最高温度和最低温度出现的时间也落后于林外空旷地。林内气温具有冬暖夏凉、夜暖昼凉的特点。

（2）林内气温的垂直分布

在一天中，林内气温的垂直分布与林外气温的垂直分布相反。在林内，白天由于林冠对太阳辐射的阻留作用，致使林冠表面向上或向下，气温呈现出递减性变化；夜间，林冠强烈地向大气中释放热量，林冠表面的气温急剧降低，由此向上或向下，气温的分布逐渐增高。因此，林区的最高气温和最低气温出现在林冠表面。而无林地区气温的垂直分布则相反，白天呈现由地面向上递减的规律，夜间呈现由地面向上递增的规律（在一定的范围内），即一天中的最高气温和最低气温都出现在地表。

林内气温的垂直分布与森林结构和郁闭度有着密切关系。在密林中，白天的最高气温出现在林冠表面，由林冠到林地气温逐渐降低；而夜间的情况则相反，林冠表面气温最低，由林冠到林地气温逐渐升高。气温的日较差也是由林冠向林地逐渐减小，林地内的气温日较差最小。在疏林中，太阳辐射大部分射入林内，林内风速小，湍流交换弱，热量不易向外扩散。白天的最高气温往往出现在林地表面，由地表向上气温逐渐降低，但在林冠表面仍有一个次高值。夜间则因林冠上层冷空气下沉以及林地辐射受林冠阻挡较少，最低温度仍出现在林地表面，林冠表面又有一个次低值。因此，疏林地内的气温日较差仍然较大。

3.1.2 林内土壤温度

在林内，由于有林冠和枯枝落叶层的存在阻挡了土壤对热量的吸收与扩散，所以夏季和白天，林内的土温要低于林外；而在冬季和夜间，林内的土温则高于林外。林内土温的日较差和年较差都比林外小，年平均土温低于林外。此外，林内和林外的土温变化都随深度的增加而减小，但林内土温有显著变化的土层深度则比林外的浅。

林内温度的这种变化特点可使幼苗、幼树免受高温和低温的危害，在有利于林冠下更新的同时，也为林木生长创造了优良的生境。

由于冬季林内气温较高，因而土壤不易冻结。即使是冻结也比空旷地时间迟且冻结层也较薄，但解冻却比空旷地早，有利于春季积雪融化，水分逐渐渗入土壤。

森林对温度的影响，不仅对林业生产有利，同时对农牧业也有很大的促进作用。特别是草原和森林草原地区，防护林带能使地表的气温和土温变幅减小，生长季延长。据黑龙江省相关部门调查，该地区由于大规模营造防护林，使生长季延长了 7~10 天。

通过抚育间伐或修枝可以减小林分密度，稀疏林冠，使光线适当透入林地，有利于提高林内的气温和土温，促进幼苗、幼树的生长，又可以促进微生物的活动，加速枯枝落叶的分解，提高土壤肥力，从而提高森林生产力。

3.2 林业常用温度指标

3.2.1 生物学温度

林木的各种生命活动过程，如光合作用、呼吸作用、蒸腾作用以及它们的生长发育和地理分布等，均与土壤温度及气温密切相关。对林木生长发育和各种生理生化作用有重要影响的温度，称为生物学温度。其通常用 3 个基本指标来表示，即生物学最低温度、生物学最适温度和生物学最高温度。

对于林木来说，生物学最低温度是某一生理活动起始的下限温度；生物学最适温度是某一生理活动最旺盛和最适宜的温度；生物学最高温度是某一生理活动能忍受的最高温度。在最适温度下，林木生长发育迅速而良好；在最低温度（或最高温度）下，林木停止生长发育，但仍可维持生命。如果温度继续降低（或升高），就会发生不同程度的危害直至死亡。某一种温度对于林木的作用，不仅仅取决于它的热能强度，还取决于作用时间的长短，同时因森林的发育阶段及生长状况的不同也有所不同。

生物学温度是最基本的温度指标，用途很广。在确定温度的有效性、确定树种种植与分布区域、计算生长发育速度、计算光合潜力等方面，均需考虑以上 3 个生物学温度指标。

3.2.2 平均温度与极端温度

平均温度和极端温度通常用气温的平均值和极端值来反映。平均温度包括日平均、候平均、旬平均、月平均和年平均温度，是用来说明一个地方温度的平均状况的。平均温度与林木的生长发育有一定关系，但有时并不能完全说明问题。例如，有时从日平均温度或年平均温度来看对于林木的生长是适宜的，但最高温度和最低温度却会产生不利的影响。又如，从林木要求的温度范围来看，尽管平均温度偏低些，但在白天和生长季温度较高，仍能满足林木生长的要求。因此，除了平均温度外，还需要用极端温度来表示温度的变化范围。

3.2.3 界限温度

具有普遍意义、能标志某些重要物候现象的开始、终止或转折点的温度，称为界限温度。

一般界限温度取日平均温度 0℃、5℃、10℃、15℃、20℃。这些温度的起止日期和持续天数在林业生产上有着重要意义。

春季日平均气温稳定通过 0℃的日期表示土壤解冻、积雪融化、田间作业的开始；秋季日平均气温稳定降到 0℃以下的日期表示土壤冻结的开始和田间作业的停止。

日平均气温在 0℃以上的持续期为温暖期，在 0℃以下的持续期为寒冷期。

在温带地区，春季或秋季日平均气温稳定通过 5℃的日期，表示大多数林木开始生长或停止生长的界限。

5℃以上的持续期为生长期。

10℃以上的持续期为温带树种的活跃生长期。

15℃以上的持续期为暖温带树种的活跃生长期。

20℃以上的持续期为热带、亚热带树种的活跃生长期。

界限温度具有一定的概括性，如确定 5℃为多数温带树种生长的界限温度，但针对某一具体的林木或树种而言可能会有 1℃～2℃的差别，只是比较接近，彼此共同使用同一指标，即界限温度是对同类指标的近似概括值。

3.2.4 一定温度持续期

林木在生长发育过程中，不仅要求一定的温度范围，而且还要求有相当长的持续期。温带和寒带树种除了要求适宜于生长发育的一定温度的持续期外，还要求一定低温的持续期。据研究，云杉的生长要求不低于 24℃的持续时间 65 天和低于 0℃的持续时间 100 天。新疆的塔杨移栽到福建，由于始终得不到它所需要的低温，所以虽可生长，但却并不结实。

3.2.5 积温

林木的生长发育除了要求一定的温度范围和温度持续期外，还对积温有一定要求。所谓积温，是指树木完成其生长周期或完成某一生长发育阶段所需的一定温度总量。积温可分为活动积温和有效积温两种。

（1）活动积温

活动积温是指林木的某一生长发育期或整个生长发育期内等于或高于生物学最低温度的全部温度值总和，或可表示为某一时期内的平均温度与该时期天数的乘积。

（2）有效积温

有效积温是指林木某一生长发育期或整个生长发育期内超出生物学最低温度的温度值总和，或可表示为某一时期内的平均气温减去生物学最低温度，其值与该时期天数的乘积。

不同的树种在整个生长发育过程中要求有不同的积温总量。如柑橘需要有 4000℃～5000℃的有效积温才能完成整个生长发育过程，椰子需要 5000℃以上，紫丁香开花需要有效积温 202℃，而刺槐则为 374℃。

一般来说，在研究林木对热量的要求、作物生育期的预报，以及病虫的预测预报等工作中，常采用有效积温。在气候分析、气候区划工作中，则多采用活动积温，它基本上能够反映某一地区的热量多少。积温在生产中有着广泛的用途,例如,在林业生产中引种、林木物候期、病虫害发生期的预报以及安排生产经营活动等工作,积温均可为其提供一定的科学依据。

3.2.6 温度变幅

温度日变化还常与其他气象要素的日变化相结合,对林木的光合作用、呼吸作用及有机物质的积累产生影响。

白天光合作用与呼吸作用同时进行,夜间则只进行呼吸作用。因此,在昼夜的温度变化不超过植物所能忍受的最高温度和最低温度的情况下,白天温度较高时,往往也有较强的日照,有利于增强光合作用,积累较多的有机物质;夜间温度降低,呼吸作用减弱,消耗积累物质少,可使林木迅速生长。但有时也由于白天蒸腾耗水较多、水分供应不足而导致光合作用降低。

3.3 温度的生态作用

3.3.1 温度对树木生理活动的影响

在最低温度与最适温度范围内,温度升高,生理生化反应加快,温度降低,生理活动减慢,这是树木长期生活于一定温度环境中所形成的生理适应。但当温度低于或高于树木所能忍受的温度范围时,生理活动就会受阻,甚至造成树木的死亡。树木光合作用的最适温度常因树种和生存环境的差异而不同,如热带、亚热带常绿树种的最适光合作用温度为 25℃ ~ 30℃,多数温带树种为 20℃ ~ 30℃,常绿针叶树为 10℃ ~ 25℃,而生长在干旱地区的树种则为 15℃ ~ 35℃。在最适温度范围内,树木的光合强度高于呼吸强度,有利于有机物质的积累。

超过光合作用的最适温度,树木的光合速率开始下降,而呼吸作用仍在不断增强,从而不利于有机物质的积累。随着环境温度的升高,在达到光合作用的最高温度时,树木的光合作用产物将全部用于呼吸消耗,而没有有机物质的积累。在光合作用的最高温度以上,树木的光合作用已基本停止,而呼吸作用仍在旺盛进行,这是因为树木同化 CO_2 的最高温度通常比呼吸作用的最高温度低。此时,不仅不能积累有机物质,而且还要消耗已贮存的有机物质,长时间的高温有时还将导致树木因"饥饿"而死亡。

温度对树木的蒸腾作用有两方面影响:一方面,温度的变化影响空气湿度(饱和差),从而影响树木的蒸腾作用;另一方面,温度的变化能直接影响叶片温度和气孔的开闭,并能使角质层蒸腾与气孔蒸腾的比例发生变化。温度越高,角质层蒸腾的比例越大。在一定范围内,蒸腾作用随温度的升高而加强,温度升高到一定程度时,蒸腾作用达到最强。蒸腾过大而树木吸水没有相应提高时,则会产生萎蔫甚至死亡。

3.3.2 温度对树木生长发育的影响

（1）对种子发芽的影响

树木种子的萌发与环境的温度密切相关,适宜的温度条件有利于促进酶的活性,加速种子的生理生化反应,从而加速种子的发芽生长。一般温带树种种子发芽的最低温度为 0℃ ~

5℃，最高温度为35℃~40℃，最适合温度为25℃~30℃。但不同树种种子发芽的最适温度不同。油松、侧柏、刺槐等种子为23℃~25℃，马尾松为25℃，落叶松为25℃~30℃。但也有一些温带和寒温带树木的种子和越冬芽，必须经过一段低温时期才能顺利萌发。

（2）对树木生长量的影响

通常树木在0℃~35℃的温度范围内，随着温度的升高，酶的活性增强，细胞膜透性增大，树木对生长所必需的水分、盐类的吸收增多，光合强度提高，从而促进了细胞的分裂和伸长，加速了树木的生长。但不同树种或同一树种的不同发育阶段对温度的要求也各不相同。如热带树种要求月均温在18℃以上才能开始生长，亚热带的果树（柑橘等）在15℃~16℃开始生长，温带果树在10℃，甚至低于10℃就开始生长了。红松林的营养生长开始于6℃，新枝生长最快时的平均气温为12℃~15℃。又如，橡胶苗在20℃以下时生长缓慢，25℃~29℃时生长最快，31℃时生长又开始下降。

树木在一年中，从树液流动开始到落叶为止的日数，称为树木的生长期。不同树种的生长期长短不一样，生长期的长短还常随地区温度条件而异。一般而言，我国南方树种的生长期大都比北方树种的长，特别是在湿润的热带，树木全年都在生长。

（3）对树种开花结实的影响

一般来说，温度越高，树木发育越快，果实成熟得越早。但一些树种的花芽分化和开花必须要经过低温过程，如果得不到所需要的低温就不能开花。因为低温的刺激引起种子的一系列生理生化反应，促进了其发育。比如需在适当低温条件下开花的桂花，当温度升至17℃以上时，则可以抑制花芽的膨大，使花期推迟。因此，低温是限制它们向暖气候区扩展的主要原因。又如我国从地中海沿岸引种到广西柳州以南的油橄榄，因冬季低温不足而很少开花结实。多数树种开花结实阶段时的最适温度比生长最适温度高。所以，在树木开花结实时，若遇低温易受到严重危害。

（4）对树木根系的影响

温度还直接影响到了地下部分根系的生长及其对水分、矿物质的吸收。因为土温降低时能增加水分的黏度，从而降低水分及溶质进入根细胞的速度，并妨碍它们在体内的运转。喜温树种比耐寒树种受低温影响更为显著，但过高的土温能使根系过早成熟并木栓化，减少吸收的总面积。高温还会破坏根细胞内酶的活性、破坏根的正常代谢过程，从而影响到根的吸收能力。

土温稍低于气温对植物吸水、吸肥最有利，因为根系的生长温度比地上部分的生长温度低，除了土壤过分干燥和冻结外，树木的根系几乎全年都能生长。随着土温的升高，根系的生长速度加快，但生长的最高温度很少超过35℃。根系生长的最低有效温度比枝条低，因此，当秋季嫩枝进入休眠状态后，根系仍在继续生长。春季，虽然土温很低，但只要气温回升到足以刺激嫩枝生长时根系即可生长。所以北方在土壤冻结前，春季土壤解冻后造林，南方在冬季造林，都是利用了根系继续生长这个有利因素。

3.3.3 节律性变温对树木的影响

在自然界，受太阳辐射的制约，温度随昼夜和季节而发生有规律的变化，称为节律性变温。

（1）昼夜变温的影响

昼夜温度的变化，对植物的生长、发育等方面有着很大影响。植物对温度昼夜变化节律性的反应，称为温周期现象。

昼夜变温能够提高种子的萌发率。主要是由于降温后可增加氧在细胞中的溶解度，从而改善萌发中的通气条件，因为当温度高于 25℃时，氧气溶解于细胞液的速度迅速降低；温度的交替变化还能提高细胞膜的透性，从而促进萌发。因此，对某些发芽比较困难的种子，如每天给以昼夜有较大温差的变温处理后，则种子萌发良好，对有些需光发芽的种子受到变温处理后，在暗处也能很好地发芽。

昼夜温差比较大，对树木的生长有良好的影响。这是因为白天适当的高温有利于光合作用，夜间适当的低温使呼吸作用减弱，光合产物消耗减少，有机物质积累增多，从而促进树木的生长。

（2）季节变温的影响

大多数树木在春季开始发芽，继之出现花蕾，春、夏季开花，秋季果熟，而在秋末的低温条件下落叶进入休眠状态，度过寒冬。树木长期生活于有季节变温的环境，形成了与之相适应的生育节律，称为物候。而在不同的季节里，树木在形态上所呈现的各种变化现象，被称为物候期或物候阶段。

树木的物候期直接与温度的高低有关，每一物候期都需要一定的温度量。如油橄榄在昆明地区当旬平均温度为 7.7℃时现蕾，14.1℃始花，15.6℃盛花，16.8℃终花，并开始坐果。杉木在福建的物候期是：在 1 月下旬至 2 月上、中旬，当平均气温 10℃~11℃时，树液开始流动；3 月中、下旬，当平均气温大于 15℃~16℃时展叶；新枝伸长始于 4 月上、中旬，平均气温为 16℃~18℃；在 12 月下旬至次年 1 月，平均气温低于 8℃~10℃时，树液停止流动。

季节变温对植物的光周期反应有重要的补充作用。光周期对植物打破休眠、控制开花时间有着重要作用，但许多植物打破休眠需要 0℃~10℃的低温期 260~1000h。不同树种要求的低温期不同，如桃树要求 400h，草莓要求 800h，苹果则要求更长的时间。因此，在低纬度树种移植到高纬度地区时，其低温要求常可提前得到满足，但往往在晚春时遭受霜害。相反，高纬度树种移入低纬度地区，低温要求得不到满足，芽、叶、花的发育便会受到抑制。

树木的物候现象与周围的环境条件有着密切的联系，不仅受季节变温的直接影响，还受纬度、经度和海拔高度的间接影响。美国的霍普金斯根据植物的物候与当地气候的关系，从大量植物物候材料中分析得出：在其他因素相同的条件下，北美洲温带地区每向北移动经度 1，向东移动经度 5 或海拔上升 122 米，植物的发育在春天和初夏将各延迟 4 天；在秋天则恰好相反，即向北移动 1，向东移动 5，海拔将上升 122 米，植物发育都要提前 4 天。物候还受气候变迁的影响，一年内有四季的变化，并且年际间的温度也有很大的差异，温度的年际变化必然会影响到植物的生长、发育，使物候期提早或推迟。

树木的物候现象是比较稳定的形态表现，可以反映过去一个时期内气候和天气的积累过程。因此，通过长期的物候观测就可掌握物候变动周期，了解树木生长发育的季节变化与气候及其他环境条件的相互关系，为林业生产和制定营林措施提供科学依据。

3.3.4 温度对树种分布的影响

温度不仅影响着树木的生理活动和生长发育，而且还制约着树种的分布，其主要表现在：一方面，树木只能在各自所适应的温度变幅内生活；另一方面，树木需要有一定的温度总量才能完成正常的生活周期。

（1）极端温度

高温对树木分布的限制是因为高温能破坏树木光合呼吸作用的代谢平衡，以及树木在高温地区生长发育过程中缺少必要的低温刺激而不能开花结实。低温限制主要表现在树木的代谢失调、组织冻结，导致机械组织损伤。例如，由于高温的限制，白桦、云杉在自然条件下不能在华北平原生长；苹果、梨、桃等不能在热带地区栽培；在长江流域和福建等地，黄山松因高温限制不能分布在海拔 1000 ~ 1200 米以下的高度。在此高度下，黄山松将由马尾松代替。而橡胶、可可不适于在亚热带地区栽种，则是由于低温限制。

（2）积温

因为不同树种在整个生长发育过程中要求不同的积温，如柑橘需要有 4000℃ ~ 50000℃ 的有效积温，椰子需要 5000℃ 以上；紫丁香开花需有效积温 202℃，而刺槐则为 374℃。所以在自然条件下，一般对积温要求高的树种只能分布在纬度较低的地方，如椰子、橡胶、槟榔、咖啡等分布在热带，柑橘、茶、棕榈分布在亚热带；对积温要求低的树种则分布在纬度较高的地方，如红松、落叶松、樟子松、水曲柳、桦。

（3）年均温，最冷、最热月的平均温度

年平均温度，最冷、最热月的平均温度是影响树木分布的另一大重要因素。例如有人提出欧洲橡树的分布北界和 3℃ 的年平均温度等温线相一致。我国有人认为榕树的分布北界和一月的 8℃ 平均温度等温线相吻合，而杉木生长最适宜地区的年平均温度为 16℃ ~ 19℃。当然，完全用上述温度指标来判定某树种的分布范围是不够全面的，因为用年平均温度不能表明一个地区全年温度的变化情况。

3.3.5 树种对温度的要求分类

（1）耐寒树种

有较强的耐寒性，对热量并不苛求，如落叶松、红松、樟子松、白桦、山杨、云杉、冷杉、黑桦等。

（2）喜温树种

要求生长季有较多的热量，耐寒性较差，如椰子、橡胶、榕树、柑橘、樟树、杉木等许多热带、南亚热带起源的树种。

（3）半耐寒树种

对热量要求和耐寒性介于二者之间，可在比较大的温度范围内生长，如松、桑、椴、杨、柳、核桃楸、鹅耳枥、栎类、刺槐等。

3.3.6 树种分布与温度的关系

赤道带：位于北纬10°以南的南海岛屿，积温大致为9000℃左右，年平均气温＞26℃，年降水量＞1000毫米，重要的树种有椰子、菠萝蜜等。

热带：积温≥8000℃，最冷月气温≥16℃，椰子、橡胶、槟榔、咖啡、菠萝蜜等生长良好。番荔枝科、龙脑香科、使君子科、桃金娘科等树种常见，绝少针叶树。

亚热带：积温4500℃～8000℃，最冷月温度1℃或0℃～15℃，主要树种为壳斗科、樟科、山茶科、冬青科等的常绿阔叶树，马尾松、樟、柏等广泛分布，杉木、柑橘、茶、棕榈、油桐、毛竹等广泛栽培。本带南部还有香蕉、凤梨、荔枝、龙眼等多种喜热经济植物。

暖温带：积温3400℃～4500℃，年均温8℃～14℃，最冷月温度－8℃～0℃或1℃，以落叶阔叶树为主，所产苹果、梨、柿、葡萄的品质优良。温带：积温1600℃～3400℃，年均温－1℃～6℃，最冷月温度－8℃～28℃，苹果、梨、葡萄等只能在本区南部生长，以红松、水曲柳、桦、黄菠萝为主要森林树种。

寒温带：积温≤1600℃，年均温0℃以下，最冷月温度＜－28℃。代表性树种为落叶松、樟子松等。

应该指出，温度是限制树木分布的重要因素，但并非唯一因素，其他如光照、土壤、水分等也都能限制树种的分布。因此，在具体分析树种分布时，除了要注意温度条件外，还必须全面考虑各生态因子的综合影响。

3.4 极端温度对林木的危害及防御

3.4.1 极端低温对林木的危害及防御

季节性低温很少导致树木组织遭受危害。低温前，落叶树种的叶、花一般都会枯死脱落，树木进入休眠状态。休眠的常绿叶片对低温也有顽强的抵抗力。相反，非季节性低温，如强大的寒流以及夜间辐射降温引起的低温，其危害却相当严重，会影响树木的生长发育，甚至导致树木的死亡。

凡低于某温度时，树木便会受害，这种温度称为临界温度。超过临界温度，温度下降得越低，树木受害越严重。临界温度或低于临界温度的温度使树木受害的最短时间为临界时间，越过此时间，低温的时间越长，树木受害的程度也越严重。

低温对树木的伤害，按其原因可分为寒害、冻害和霜冻。

（1）寒害

当气温在0℃以上时，某些喜温树种（如热带树种）仍可受害，甚至死亡，这种在0℃以上的低温对树木的伤害称为寒害或冷害。寒害主要是由于在低温条件下，ATP减少，酶的系统紊乱，活性降低，导致树木的光合、呼吸、吸收和蒸腾作用以及物质运输、转移等生理活动的活性降低，彼此之间的协调关系被破坏造成的。例如，轻木的致死低温为5℃，热带地区的树种当温度在0℃~5℃时，呼吸代谢作用就会严重受阻；橡胶树的生物学最低温度是5℃，生长季节如果气温降低到4℃，树干基部常因低温而溃烂，即出现"烂脚病"，使产量减少。因此，在西双版纳种植橡胶应选择海拔200米以上经常出现逆温的地段或西南坡中部，在其他坡向上，冬季时则应采用防寒罩、单株包扎等措施防御低温寒害。寒害也是喜温树种北移的主要障碍，亦是喜温植物稳产、高产的主要限制因子。

防御寒害的主要措施有选择避寒宜林地、营造防护林、采用耐寒品系等。苗圃可设置防霜棚、风障等；对小苗可搭盖防寒罩、培土；对幼树可采用包扎塑料薄膜、稻草防寒筒以及主干基部培土、修枝和树脚涂封等措施。

（2）冻害

冻害是指树体冷却降温至冰点以下，使细胞间隙结冰所引起的危害。冰点以下的低温主要通过两种途径对树木发生作用，即冰晶形成使原生质膜发生破坏和造成原生质的蛋白质失活与变性。当温度不低于-3℃或-4℃时，树木受害主要是由于细胞膜破裂所致；而当温度降到-8℃或-10℃时，树木受害则主要由生理干燥和水化层的破坏所引起。

不同树种抵抗冻害的能力有所差异，主要取决于树体内含物的性质和含量。一般来说，体内可溶性碳水化合物、自由氨基酸甚至是核酸含量高的树种往往有较强的抗冻能力。如源于北方的苹果可抗-40℃甚至更低的温度，而生长在南方的温州蜜橘在-9℃就要受到冻害、金柑在-11℃时会受害，同一树种的不同发育阶段，抗低温的能力不同，休眠期抗性最强，营养生长期居中，生殖阶段抗性最弱。树木受低温的伤害除了极端低温值外，还决定于降温的速度和低温的持续时间。在相同的条件下，降温速度越快，低温持续时间越长，树木受的伤害越重。

（3）霜冻

霜冻是指在植物生长季节，地面、植株表面和近地面气层的温度突然下降到0℃以下，致使植物遭受冻害或死亡的现象。春季树木开始生长时或秋季树木停止生长前，枝条尚未木质化，气温突然降至0℃以下，就会发生霜冻，使林木受害。当出现霜冻时，如果空气中水汽饱和，植物表面就会有霜；如果空气中水汽未达饱和则不会出现霜，但温度已降到0℃以下，植物仍会受伤害，这种霜冻称为"黑霜冻"。

霜冻对树木的危害并非霜的本身，而是低温所引起的伤害。一般来说，0℃以下的低温可使细胞之间的水分形成冰晶，它们不断地从邻近细胞中夺取水分并冻结，冰晶逐渐增大，使细胞受到机械压缩，同时也导致原生质的胶体物质凝固，使细胞变性和细胞壁破裂，最终导致植物死亡。早霜冻危害常在树木仍在生长还未进入休眠状态时发生，故从南方引来的树种易受害。晚霜冻往往危害过早萌芽的树种，所以从北方引至南方的树种应种植在较阴凉的地方，抑制其早期萌动。霜冻发生时常有逆温层出现，靠近地表的气温最低，故幼苗受霜冻危害较大。植株的幼嫩部分，如刚萌芽的顶芽、新梢、嫩叶、没有木质化的枝条，也容易遭受冻害。

预防霜冻的措施大致可以分为两类：一类是改进栽培管理技术，增强树木的抗寒性；另一类是霜冻来临前夕，用直接加热或减少辐射冷却作用的方法提高林木附近地面层的空气温度，防御霜冻危害。

① 合理的栽培管理技术措施

因地制宜，对不同品种的苗木要尽量做到合理布局。如在谷地和洼地霜冻较重的地方应选择耐寒品种，并适当提早播种，使越冬苗木长得壮一些，可提高它的抗寒能力。在山坡中部和靠近水边的地方，霜冻较轻，可种植抗寒能力较弱的果树和苗木；南坡温度较高，在山坡上可种植喜温的树种。例如，在华南地区，为了避免霜冻的危害，多把橡胶种在避风向阳的中上坡。

改良品种，培育抗寒性能强的苗木品种，可减轻霜冻危害。

冬前增施磷、钾肥，增强苗木抗寒能力。

营造防护林。防护林可以削弱冷空气的强度、提高近地面空气的温度，使霜冻不易发生。在没有防护林的地方也可以临时设置风障。

② 物理方法（应急措施）

熏烟法：是在将要发生霜冻的夜晚或清晨，点燃烟堆使之形成稳定的烟雾。经验证明，一般熏烟可使贴地气层增温1℃~3℃。该方法的增温效应是由于烟堆燃烧时放出热量，提高了近地层空气的温度。此外，烟堆在燃烧时放出大量烟粒，形成烟幕，可以阻挡地面长波辐射，增加大气逆辐射，使地面有效辐射减弱；同时烟粒的大量增多，促使水汽凝结，放出潜热。熏烟能缓和空气温度的下降，使霜冻不易发生。

烟堆的材料是秸秆、野草、枯枝落叶、木屑和其他农林业废料。可就地取材，但应较为干燥，不宜夹杂过多不能燃烧的杂物。烟堆的大小应需材料10千克以上，烟堆的下部为易燃的引火物。堆积的形式不限，坑式、平地堆放、窑式等均可。烟堆的密度大致是在田地四周每隔3~5米置一堆。熏烟时不宜燃烧过猛，并且要使烟幕维持到日出后1.5~2小时。

近年来，多利用燃烧化学烟雾剂，造成烟幕防霜。烟幕的浓度大、范围广、维持时间长，防御霜冻的效果好。但人工施放烟雾受天气条件限制很大，它必须在近地面层为逆温层、风速较小时才能发挥熏烟防霜的作用。如果风速在2级以上时，效果就不明显了。因为此时空气交换迅速，热量容易散失，不能形成烟雾。

灌水法：霜冻来临之前灌水，可增加土壤湿度，并使土壤的热容量及导热率也随之增大，因而缓和了土壤温度的下降。此外，灌水还可以使空气湿度增大，露点温度提高；当夜间冷却时，空气中的水汽发生凝结而放出潜热，使空气温度升高。空气中水汽增多，大气逆辐射增加，减少了地面和植物体的热量损失。所以，灌水也可以防御霜冻。这种方法简便易行、应用广泛、效果明显。试验证明,土壤灌水后地面平均温度可提高2℃~3℃,持续时间也可保持2~3天。

有些国家采用喷水法防霜冻。其原理是在连续或间断出现霜冻的夜晚(视降温的情况而定),将水喷到植株上,当水结冰时释放潜热,使植物体内温度保持在0℃左右,从而避免霜冻的危害。

覆盖法:利用各种覆盖物将苗木和作物覆盖起来,能显著地减弱土壤和植株表面的辐射冷却,从而达到防御霜冻的目的。据测定,覆盖物(如稻草等)上的温度往往最低,这不利于苗木地上部分的安全越冬。因此,要在覆盖物上再盖一层薄土。

对于果树和珍贵的经济作物,常会采用搭暖棚或用稻草包裹干茎的办法来防御霜冻,以保证其安全过冬。目前我国各地广泛使用塑料薄膜保温,这对培育珍稀植物苗木有着重要的价值。

(1)冻拔

土壤冻结时因体积膨胀把苗木连同土壤抬起,解冻时土壤下陷,使苗木根系暴露在地面而死亡,像被人拔出来似的,称为冻拔或冻举。这种现象多发生在寒温带、温带以及亚热带的中山地区,在土壤含水量多、土壤质地较细的立地条件,幼苗最容易受害。

(2)冻裂

在北方的冬季,树干的南面尤其是西南面,白天接受太阳直接辐射,吸收热量多,树干温度高;夜间降温迅速,树干外部冷却收缩快。而由于木材导热慢,树干内部仍保持较高温度,收缩小,结果使树干纵向开裂,这种现象称为树干冻裂(北方称"破肚子")。这种现象通常幼树发生多,老树少;阔叶树多,针叶树少。一般用石灰水加盐或用石硫合剂对树干进行涂白,降低树干昼夜温差,即可减少树干冻裂。

(3)生理干旱

春季天气回暖,地上部分开始活动,而土壤尚未化冻,林木根系很难从土壤中吸收水分,但是地上部分会继续蒸腾,这样持续一定时间就会造成植株失水干枯甚至死亡,称为生理干旱。

3.4.2 极端高温对林木的危害及防御

(1)日灼

由于树木受到强烈的太阳辐射,使温度增高而引起枝干形成层和韧皮组织的局部坏死,这种现象称为日灼或皮伤。受害树木的树皮呈现斑点状的死亡或片状剥落,轻的伤口会给病菌的侵入创造条件,重的会使树叶干枯、凋落,也会造成植株的死亡。日灼多发生在树皮光滑树种的成年树上,如云杉、毛白杨、桃树、银杏、檫木、柠檬桉等。林缘、林墙处的树木及孤立木也易遭受灼伤。

预防的办法是注意造林树种的选择和混交搭配。一般易灼伤的多为耐荫树种,造林时应与喜光树种混交,并以带状混交为最好,以便第一层喜光速生树种为第二层耐荫树种创造遮阴的条件。加强浇灌，保证树木对水分的需求。位于林缘、林墙处的树木或孤立木可采用树干涂白的办法，减少对热量的吸收，以降低树皮温度，避免高温灼伤。

（2）根颈倒伏

当土壤表面温度增高到一定程度时，幼嫩苗木根颈部的形成层和输导组织被灼伤，呈环状坏死而倒伏，这种现象称为根颈倒伏或根颈灼伤。尤其是在少雨缺水地区的苗木，常会遭受根颈倒伏而枯死。而采用早晚喷灌浇水、地面覆草、局部遮阳、适当早播等方法可以防止或减轻危害。

4. 水分与森林

4.1 空气湿度

4.1.1 空气湿度的表示方法

（1）水汽压

空气中水汽所产生的分压力，称为水汽压，用 e 表示。它是大气压力的一部分。水汽压的单位与气压单位一样，用百帕（hPa）表示。空气中水汽含量越多，水汽压就越大；反之，则减小。

（2）绝对湿度

单位容积空气中所含的水汽质量称为绝对湿度，也就是水汽密度，单位为 g/ms。它表示空气中水汽的绝对含量。空气中水汽含量越多，其绝对湿度就越大。

（3）相对湿度

空气中的水汽压与同温度下的饱和水汽压的百分比，称为相对湿度。

相对湿度的大小不仅随空气中水汽含量的多少而变化，而且还随温度的升降而变化。当水汽压不变时，气温升高，饱和水汽压迅速增大，相对湿度减小；而反之，气温降低，饱和水汽压比实际水汽压变小得更快，相对湿度将增大。在气温不变时，水汽越多，相对湿度越大。

（4）饱和差

在一定温度条件下，饱和水汽压与空气中实际水汽压的差值称为饱和差。饱和差的大小表示空气中的水汽含量距离饱和的绝对数值。

（5）露点温度

露点温度（简称露点）是指空气中水汽含量不变，气压一定时，通过降低气温使空气达到饱和时的温度，其单位为℃。

由于空气常处于未饱和状态，故露点温度低于气温，空气达到饱和时，露点温度才与气温相等。因而根据气温和露点温度的差值（$t - t_d$）大小，大致可以判断出空气距饱和的程度。

4.1.2 空气水分的来源及去向

（1）来源

① 植物蒸腾

植物通过根毛从土壤中吸收水分之后，经输导组织送到叶片及其他器官，再经过气孔和植物表面以水汽状态扩散到空气中的过程，称为植物蒸腾。由于植物可以通过气孔的开闭主动调节蒸腾，以适应水分代谢的需要，所以蒸腾过程是一种物理作用和生理作用相结合的过程。由根系进入植物体内的水分只有1%参与生理过程，而99%的水分都由于蒸腾而消耗掉。这种水分的大量消耗是植物不可缺少的一种有效的"消耗"。因为蒸腾作用是植物吸收和输送水分的主要原动力，在此过程中植物所必需的各种营养物质被输送到了各个部位。此外，蒸腾作用还可以大大降低叶片温度，从而避免因辐射引起的增温而使叶片灼伤枯萎。

② 水分蒸散

在有植被的地方，既有土壤蒸发，又有植物蒸腾。蒸发与蒸腾之和，称为蒸散。蒸散速度主要取决于植物种类、形态结构和气象因子。

（2）去向

空气中的水汽凝结为露、霜、雾以及大气降水。

4.1.3 空气湿度的意义

空气相对湿度或饱和差是影响植物吸水与蒸腾的重要因子之一。在相对湿度较小（饱和差较大）时，如土壤水分充足，则植物蒸腾较旺盛，植物生长较好。若较长时间空气湿度处于饱和条件下，那么植物的生长将受到抑制。相对湿度太小，会加重土壤干旱或引起大气干旱，特别是在气温高而土壤水分缺乏的条件下，植物的水分平衡被破坏，水分人不敷出，会阻碍生长而造成减产。相对湿度和饱和差的高低，可制约某些植物花药开裂、花粉散落和萌发的时间，从而影响植物的授粉受精。湿度与作物病虫害的发生也有密切关系，大多数真菌孢子的萌发、菌丝的发育都需要较高湿度，过低有利于虫害的发生，比如红蜘蛛等螨类的发生一般是在高温低湿的环境中。尤其是兰科植物，空气湿度对其生长尤其重要。

4.1.4 空气湿度的调控

（1）合理选择使用大棚盖膜

（2）地膜全层覆盖

（3）采用节水灌溉

（4）降低植株无效蒸腾

（5）应用粉尘剂防治病虫害

（6）及时合理通风排湿

4.2 土壤水分

4.2.1 土壤水分的类型及意义

（1）吸湿水

由于土粒分子引力吸附的气态水称为吸湿水。土粒分子产生引力的主要原因是土粒表面的表面能。这种水被土粒紧密吸附，不能移动，无溶解力，植物不能吸收利用，属于无效水。

（2）膜状水

把达到最大吸湿水量的土壤，再用液态水来继续湿润，土粒吸湿水外层可吸附液态水分子形成水膜，这种吸附在吸湿水层外的液态水称为膜状水。林木只能利用一部分膜状水。膜状水运动速度很慢，不能及时补给植物的需要，属于弱有效水。

（3）毛管水

借助毛细管引力吸持和保持在毛细管孔隙中的水，称为毛细管水，亦可称为毛管水。毛管水是一种自由水，它可沿毛管上升至根系活动层。在林业生产中，毛管水是土壤中最有效的水分。

（4）重力水

重力水降水或灌溉强度过大时，毛管已无剩余引力，多余水在重力作用下向下渗透，这种水称为重力水。在土壤中的所有孔隙均充满水分时的含水量，称为全蓄水量或饱和含水量。

4.2.2 土壤水分管理依据

（1）田间持水量

田间持水量长期以来被认为是土壤所能稳定保持的最高土壤含水量，也是土壤中所能保持悬着水的最大量，是对作物有效的最高的土壤水含量，可以作为灌溉的上限和计算灌水定额的近似指标。不同的土壤其田间持水量不同，壤土较大，砂土较小。一般以土壤自然含水量的百分比来表示。

（2）植物阻滞含水量

当土壤含水量降至田间持水量的70%时，植物不能及时吸收所需要的水分而使植物生长受阻，此时的土壤含水量称为植物阻滞含水量。

（3）凋萎系数

指生长在湿润土壤上的作物经过长期的干旱后，因吸水不足以补偿蒸腾消耗而叶片萎蔫时的土壤含水量，在灌溉或降水供给充足后也不能恢复。它仍是一个很好的近似值，也是了解土壤水分状况，土壤灌溉的下限。不同植物的萎蔫系数不同，其耐旱性也有所差别。如蕨类、兰花、万年青等萎蔫系数低，耐旱性差；火棘等萎蔫系数高，耐旱性强。

（4）地下水位的高低对植物的影响

过低：地下水不能通过毛管水方式提供给植物，供植物利用；

过高：影响土壤通气性，淹水、干旱地区造成盐渍化。

4.2.3 土壤含水量表示方法

（1）土壤自然含水量

用土壤含水量与烘干土质量的百分比表示。这是一种最常用的表示方法。

（2）水层厚度（mm）

为了使土壤含水量能与降水量相比较，常用水层厚度来表示土壤贮水量，计算公式如下：水层厚度＝土层厚度（mm）×绝对含水量（%）×土壤密度

（3）土壤相对含水量

指土壤绝对含水量占田间持水量的百分比。计算公式如下：

4.2.4 土壤水分调节措施

（1）深耕改土、增施有机肥料

这种措施可形成良好的土壤结构，提高土壤的透水性和蓄水性。雨后或灌溉后松土，破除土壤板结，更有利于保水。

（2）中耕松土时结合除草，以防止杂草与苗木争水争肥

（3）合理灌溉

合理灌溉就是及时地不间断地供给苗木、林木必要的水分，保持土壤含水量不低于植物生长阻滞的含水量。灌水除可以增加土壤水分外，还可以调节土温，排除土壤的污浊空气，改善土壤水、气、热状况。

（4）排水

当土壤水分过多时应尽力排除，排水的方式有明沟排水、暗沟排水和生物排水等。土壤中过多的水分排除后，可以改善土壤通气状况，减小土壤热容量，提高土温。早春播种前排水有利于苗木种子发芽出土。

（5）遮阳覆盖

夏季在苗床搭棚遮阳或盖草等，可降低土温并显著减少蒸发，有利于苗木的生长。

4.3 树木对水分的需要及适应

4.3.1 树木对水分的需要

树木对水分的需要是指树木在正常生长过程中所吸收或消耗的水分，不同的植物需水量是不同的。通常木本植物的需水量要大于草本植物。树木对水分的需要随树种、树木的发育期、生长状况及环境条件而异。一般来讲，针叶树的需水量小于阔叶树，处于休眠期的树木小于正在生长的树木，北方树种小于南方树种。一天中，树木白天的需水量多于夜间，晴朗多风天气的需水量则多于无风的阴天。

4.3.2 树木对水分的适应

树种对水分的适应性是树种对土壤水分（或土壤湿度）条件的要求，根据树种对土壤水分

的适应性,可将树种分为旱生树种、湿生树种和中生树种三类。

(1)旱生树种

是指在长期干旱条件下能忍受水分不足,维持正常生长发育的树种,如梭梭、柽柳、骆驼刺、马尾松、油松、樟子松、黄檀、侧柏、栓皮栎、柠条、沙拐枣、沙棘、山杏、木麻黄等。这类树木种子能在沙漠、草原或干热山坡等干旱地方生长。它们对干旱的适应方式多种多样,如:胞渗透压高,根系发达,具有控制蒸腾作用的结构,或叶器官较不发达,甚至退化,具有发达的储水组织等。

(2)湿生树种

指能够生长在潮湿环境中,且抗旱能力较弱的树种。其特点主要是根系不发达,分生侧根少,根毛也少;细胞液浓度低,渗透压小;叶片大而薄,栅栏组织不发达,角质层薄或无,气孔多而敞开,控制蒸腾的组织甚弱,叶片摘下后常迅速凋萎。此外,为适应缺氧的生境,有些湿生树种的茎组织疏松,也有些树种着生板状根或气生根,以利于气体交换。属于湿生类型的树种有池杉、枫杨、垂柳、赤杨、水杉、落羽杉等。

(3)中生树种

生长于中等水湿条件下,不能忍受过干或过湿条件的树种,是介于上述两类之间的中间类型。大部分森林树种都属于这一类型,如红松、落叶松、云杉、冷杉、核桃、板栗、枫香、梧桐、椴、槭、山杨、千金榆等。

4.4 水分异常情况及防御

4.4.1 干旱防御措施

(1)根据各地区气候状况选择适宜的抗旱树种;

(2)有条件的地区应实行灌溉;

(3)易受旱害的苗圃宜择北面设置,苗床宜架荫棚,还应注意灌溉与除草;

(4)干旱地区林木不宜过密,以减少蒸散损失;

(5)合理布局,有的地方提出实行片状或带状的针阔叶林混交。在山顶、山脊线上、山坡上部和阳坡等地方营造阔叶林;在山坡中下部、山脚、缓坡地、凹坡地和阴坡营造用材林和经济林以及喜阴湿的树林;

(6)保存林地上地被物,并使其混入土中,改良土壤结构及保水力;

(7)有条件的地区,大力营造常绿阔叶林,涵养水源,减轻干旱危害。

4.4.2 洪涝防御措施

(1)对易出现山洪与泥石流并发区,应注意有关大暴雨、连阴雨的天气预报,及早采取应急措施;在地层岩石疏松的地段,对森林的开发严禁用皆伐方式,应采用分期择伐保持坡面的措施;山区采矿和开采要同时实施保护工程;已经造成的崩塌要尽快恢复原来的植被面貌并采取保护工程措施。

（2）洪涝灾害易发区除选择抗水性强、深根性树种造林外，树叶厚小、枝条稀疏的树种可减少暴雨的机械危害。

（3）合理开沟，排涝防湿，使地表水、潜层水和地下水都能迅速排出，以减轻湿害。

（4）生物工程措施。如封山造林，增加森林覆盖面积，是减轻洪涝的一个重要途径。

4.4.3 雪害防御措施

（1）选择抗雪害强的树种，避免同龄纯林，以混交林为宜；多雪倒的地方，宜选深根性树种；多雪害的地方应提早间伐；造林时应避免密植；更新时宜采取择伐作业为好。而雪腐病大多危害针叶树苗木，针叶树苗圃及针叶树初造林地应注意积雪不宜过厚，或留存积雪时间较久。

（2）密林首次抚育应尽量提早进行，以减少高径比大的林木，且一次抚育间伐下降的疏密度应小于0.2，并力求保持林木分布均匀。

（3）在间伐时，应伐去偏冠和高径比过大的立木。

（4）保留风口前的林缘木，特别是保留树干粗壮，高径比在50:1以下，具有较大抗风力的林缘木。

（5）受积雪危害的林木应及时进行处理，清理雪折、雪压等受害木，以免病虫害发生。对轻微压弯或倾斜的受害木，应采取人工的辅助措施，砍去倾斜方向的重大倒枝，促使树干归正。

5. 土壤与森林

5.1 土壤与土壤肥力

5.1.1 土壤

（1）概念

土壤是指位于地球陆地表面能获得植物收获物的疏松层，它是天然植物或人工栽培作物的立地条件和生长发育基地，肥力是土壤的最本质特征。

森林土壤是指在近代森林植被的影响下形成的土壤，包括目前还在森林覆盖下和森林已被破坏的宜林荒山荒地的土壤。

林业土壤是指营林范围所涉及的土壤，即林业用地土壤，包括森林土壤和原为长期已耕地而当前改作人工经济林地、种子园、用材林地的土壤以及苗圃土壤等。

（2）意义

林木的正常生长，除需光、温度和空气（CO_2 和 O_2）外，还需要通过根系从土壤中吸收其生命活动所需的养分、水分和土壤中的氧气，并且依靠土壤的机械支持使树干能够挺立于地面上，进行各种生命活动。土壤对于水分、养分、酸、碱、盐和热量等物质和能量具有巨大的吸收容量和缓冲性能，土壤内的小气候是较稳定的，太阳辐射也基本透不进土层中去，土壤中各种物质的交换过程较缓慢，这些都为根系和微生物提供了适宜的生存条件。在我国造林工作中，有时因树种选择不当造成林木生长不良或死亡，其原因不是由于土壤中不存在或为林木吸收利用的物质或能量，而是土壤中不具有该树种所必需的物质或能量。因此，在造林工作中进行树种选择时，土壤因素是其中最重要的因素之一，有时甚至是决定性因素。

5.1.2 土壤肥力

土壤最基本的特性是具有土壤肥力。我国目前较公认的土壤肥力的概念为土壤能供应与协调植物正常生长发育所需要的养分和水、空气、热的能力。土壤肥力可分为自然肥力、人为肥力、经济肥力和潜在肥力。

5.2 土壤有机质

5.2.1 土壤有机质来源、类型

土壤有机质是指土壤中形成的和外部加入的所有动、植物残体不同分解阶段的各种产物及合成产物的总称。

（1）来源

土壤有机质主要来源于高等绿色植物的枯枝、落叶、落果、根系等。其次是土壤中动物、微生物的遗体。施用的有机肥料是苗圃、园林绿化土壤及果园、耕地有机质的主要来源。

（2）类型

① 新鲜有机质、有机残余物和简单有机化合物

新鲜有机质指那些仍保持原来形态，没被分解的动物指那些半分解状态的有机物质。简单有机物包括糖类植物及微生物遗体，有机残余氨基酸、脂肪等有机化合物。

② 土壤腐殖质

土壤腐殖质是指除未分解的动、植物组织和土壤生命体等以外的土壤中有机化合物的总称。它与矿物质颗粒紧密结合在一起，不能用机械的方法分离。是一种特殊的有机质，是土壤有机质的主体，一般占土壤有机质的 80% ~ 90%。

5.2.2 土壤有机质的作用与调节

（1）作用

① 植物养分的重要来源

土壤有机质含有大量而全面的植物养分，特别是氮素，土壤中的氮素 95% 以上是有机态的，经微生物分解后，转化为植物可直接吸收利用的速效氮。腐殖质性质比较稳定，分解缓慢，具有持续供应植物养分的特性。同时，有机质在分解过程中可产生有机酸和无机酸，能够将土壤中难溶性的矿质养分转化为可溶性养分，增加土壤中速效养分的含量。

② 提高土壤的蓄水保肥和缓冲能力

腐殖质本身疏松多孔，具有很强的蓄水能力。土壤中的粘粒吸水力一般为 50% ~ 60%，

而腐殖质可高达 400% ~600% 。土壤腐殖质是一种两性胶体,带正负电荷,其交换量为粘粒的几十倍至百倍,可吸收保持大量离子态养分免遭流失。腐殖质是弱酸,它的盐类具有两性胶体的特性,可以缓和土壤酸碱性的急剧变化,使土壤酸碱性稳定在一定范围之内,以有利于植物的生长发育。

③ 改善土壤的物理性质

新鲜有机质是土壤团聚体主要的胶结剂,在钙离子的作用下能够形成稳定性团聚体,腐殖质颜色深,能吸收大量的太阳辐射热,同时有机质分解时也能释放热,所以有机质在一定条件下能够提高土壤温度。腐殖质的黏结力、黏着力比黏土小,比砂土大。增加腐殖质的含量,可改善土壤的坚实性、通气不良和耕性,也可改善砂土过于松散的现象。

④ 促进微生物的生命活动

土壤有机质能为微生物生活提供能量和养分,同时又能调节土壤水、气、热及酸碱状况,改善土壤微生物的生活条件,使土壤环境有利于土壤微生物的生命活动,从而有利于土壤养分的转化。一般情况下,土壤微生物的数量和活动强度常与土壤有机质含量呈正相关。

⑤ 促进植物的生长发育

胡敏酸具有芳香族的多元酚官能团,可以加强植物的呼吸过程,提高细胞膜的透性,促进养分进入植物体,还能促进新陈代谢、细胞分裂,加速根系和地上部分的生长。

⑥ 其他方面的作用

腐殖质中含维生素、抗生素和激素,可增强植物抗病免疫能力,胡敏酸还有助于消除土壤中农药残毒及重金属离子的污染。另外,腐殖质还有利于盐、碱土的改良。

(2)调节

① 增施有机肥料、种植绿肥

对苗圃土壤和瘠薄的园林绿化地、果园等增施有机肥料是增加有机质的基本方法,据研究,施入土壤中的有机质一般能有 2/3 ~3/4 被分解,其余的则转化为腐殖质积累在土壤中。由于有机质的矿化率较低,所以施用有机肥料是增加土壤腐殖质的主要措施。

种植绿肥也是增加土壤有机质的重要途径。在苗圃地、果园,轮作或套种绿肥,在园林绿化幼树的行间、株间种植适宜的绿肥,都会获得良好的效果。园林绿化土壤一般来说有机质含量都较低。在园林生产中可以种植绿肥的地方有很多,例如荒坡、隙地、湖面、池塘边缘、河岸等都可以种植绿肥。所以说,种植绿肥是我国林业生产中广泛适用、效果良好的一种增加土壤有机质含量的方法。

② 保留树木凋落物

树木凋落物是林地土壤有机质的主要来源之一,如果能采取有效措施,效果是不错的。例如:平时注意打扫积累,集中沤制或分散埋入地下。或者让其自然形成枯枝落叶层,在自然条件下逐渐分解,对增加土壤有机质和截留地面流水等是十分有利的。有的城市园林工作者收集落叶,先将其粉碎,再加入其他养分物质和胶结剂,制成有机颗粒肥料,效果也很好。

对于园林落叶最不适当的处理方法是燃烧。

③ 调节土壤水、气、热等状况

只有土壤微生物的生活条件得到正常满足时，有机质才能正常转化，矿化和腐殖化才能得以协调。因此，要注意采取不同的措施，调节土壤水、气、热状况，使它们之间相互协调，以促进微生物的生命活动，从而使有机质的转化既能满足植物对有效养分的需要，又能保证有机质有适当的积累。

经常采用的具体措施有：挖排水沟，排除过多的水分。适当搭配树种。乔木、灌木、草本及针叶树、阔叶树的凋落物因组成成分不同，分解难易有差异，搭配合理，以促进有机质分解。锄松土壤，合理灌水。在凋落物上洒石灰水，或硫黄水以调节其酸碱度，也会促进有机物质的分解。

④ 调节 C/N

有机物本身的成分是影响其分解的重要因素之一。有机物含碳素总量和氮素总量的比例，叫作 C/N。因有机碳是微生物生命活动的能源，氮是构成其细胞的要素，碳与氮之间是按一定比例被微生物摄入体内参与同化的。二者比值的大小关系到微生物的生命活动，从而影响有机质的分解速度。如果有机物中的营养物质供应低于能量水平，微生物的生命活动减弱，有机质分解缓慢。据研究，一般细菌体内 C/N 平均为 5:1，并且每组成 1 份氮时还需要 5份碳来获得能量。因此，微生物生命活动过程中需要的 C/N 为 25:1。当有机质的 C/N 小于 25:1 时，氮多，微生物活动旺盛，有机质分解快。如豆科绿肥含氮量高，C/N 约为 20:1，它们不仅分解快，并且有多余的有机氮转化为易被植物吸收的无机氮，供植物吸收。反之，当有机质 C/N 大于 25:1 时，例如麦秸、稻草 C/N 高达 80:1，碳多氮少，没有足够的氮供微生物吸收，其生命活动就会减弱，有机质分解缓慢，甚至微生物还从土壤中与植物争夺氮素，以满足同化作用的需要，造成植物暂时缺氮，出现黄萎现象。在绿肥压青时或沤制堆肥时常需补充一些氮素以降低 C/N，加速分解。针叶林凋落物 C/N 大，可加入适当的含氮物质调小C/N。

5.3 土壤剖面观察与样品采集处理

5.3.1 土壤剖面

（1）概念

土壤剖面是指从地面向下挖掘所裸露的一段垂直切面，这段垂直切面的深度一般为 2 米以内。

（2）剖面构造

指土壤剖面从上到下不同土层的排列方式。一般情况下，这些土层在颜色、结构、紧实度和其他形态特征上是不同的。各个土层的特征是与该层的组成和性质一致的，是土壤内在性状的外部表现，是在土壤长期发育过程中形成的。

人为干预较小的自然土壤(如森林土壤)的剖面,一般可分为四个基本层次,即覆盖层、淋溶层、淀积层和母质层。覆盖层又称为死地被物层,由地面上的枯枝落叶所构成。根据枯枝落叶的腐烂分解情况,覆盖层可以进一步分为两个亚层,未分解的枯枝落叶层记作 A00 层,半分解有机质层记作 A0 层。淋溶层也作 A 层,为含腐殖质多的表土,可进一步划分为三个亚层——A1 层为腐殖质层,颜色较暗,多具团粒或核状结构;A2 层为灰化层或称为灰漂层,颜色较浅,常为灰白色或浅灰黄色,颗粒较粗;A3 层为过渡层,性质较接近 A 层,又具有某些 B 层的性质。淀积层,亦称为心土层、B 层。这一层常有上层淋溶下来的粘粒和矿物质等的淀积,坚实,通透性差。淀积层可分为三个亚层:B1 层,为具有某些 A 层性状的过渡层,主要性状近似 B 层;B2 层,典型的淀积层,即俗称的"红心土"或"黄心土"层;B3 层,含岩石风化物较多的向 C 层过渡层。母质层,亦称为底土层,即 C 层,为岩石风化物的残积物或堆积物。C 层以下为基岩,称为母岩层,即 D 层。

在实地考察土壤剖面过程中,山地红壤、黄壤多不存在 A2 层。表潜黄壤有一个相当于 A2 层的 Ag 层,是表层滞水或坡渗水长期淋洗和还原作用形成的灰白色至淡灰黄色的灰漂层。多数红壤 A3 层与 B1 层不易区分出来,可合并为一个 AB 层的过渡层。深厚的堆积性红壤的 B 层与 C 层的界限也常区分不开,可划出一个 BC 层的过渡层。当 BC 层出现红、黄、白颜色相间的网状条纹或斑纹时,该层可称为网纹层或斑纹层,记为 BCm 层或 Cm 层。

(3)森林土壤的发育

从土壤的形成与土壤剖面层次的分异的关系上看出,森林土壤的形成发育过程就是土壤剖面层次构造的自然发生和发展的过程,南方一些森林土壤侧面构造的特点清楚地显示出了不同类型和发育程度的土剖割面构造的差异。

森林土壤剖面的发育层次与土壤发育有着密切关系。不论是哪种土壤,首先是有母质层,随着母质层的加厚和母质层上部物质的淋溶而出现淋溶层,这时尚未产生淀积层,因而只有 AC 层,这类土壤处于发育初期。随着成土过程的发展,淋溶下来的物质渐多,出现了发育不明显的淀积层,虽有 A、B、C 三层,但 B 层薄,分化不明显,属于中等发育的土壤。中等发育的土壤再进一步发育,淋溶层、淀积层和母质层均很明显,淋溶层和淀积层均厚,淀积层中可能出现结核、硬盘等新生体,称为发育完全的土壤。在土壤遭受严重侵蚀时,A 层被冲掉后只有 B、C 层,这种土壤称为遭受破坏的土壤。

(4)剖面观察

① 选择土壤剖面点　要有比较稳定的土壤发育条件,即具备有利于该土壤主要特征发育的环境,通常要求小地形平坦和稳定,在一定范围内土壤剖面具有代表性;不宜在路旁、住宅四周、沟附近、粪坑附近等受人为扰动很大而没有代表性的地方挖掘剖面。

② 土壤剖面的挖掘　土壤剖面一般是在野外选择典型地段挖掘,剖面大小自然土壤要求长 2 米、宽 1 米、深 2 米(或达到地下水层),土层薄的土壤要求挖到基岩,一般耕种土壤长 1.5 米,宽 0.8 米,深 1 米。

挖掘剖面时应注意下列几点：

剖面的观察面要垂直并向阳，便于观察；挖掘的表土和底土应分别堆在土坑的两侧，不允许混乱，以便看完土壤以后分层填回，不致打乱土层而影响肥力，特别是农田更要注意；观察面的上方不应堆土或走动，以免破坏表层结构，影响剖面的研究；在垄作田要使剖面垂直垄作方向，使剖面能同时看到垄背和垄沟部位表层的变化；春耕季节在稻田挖填土坑一定要把土坑下层土踏实，以免拖拉机下陷和折断牛脚。

③ 土壤剖面发生学层次划分

土壤剖面由不同的发生学土层组成，称为土体构型。土体构型的排列入其厚度是鉴别土壤类型的重要依据，划分土层时首先用剖面刀挑出自然结构面，然后根据土壤颜色、湿度、质地、结构、松紧度、新生体、侵入体、植物根系等形态特征划分层次，并用尺量出每个土层的厚度，分别连续记载各层的形态特征。一般土壤类型根据发育程度可分为 A、B、C 三个基本发生学层次，有时还可见母岩层(D)，当剖面挖好以后，首先根据形态特征分出 A、B、C 层，然后在各层中分别进一步细分和描述。

土层细分时，要根据土层的过渡情况确定和命名过渡层：

a. 根据土层过渡的明显程度，可分为明显过渡和逐渐过渡。

b. 过渡层的命名，A 层 B 层的逐渐过程可根据主次划分为 AB 层或 BA 层。

c. 土层颜色不匀，呈舌状过渡，看不出主次，可用 AB 表示。

d. 反映淀积物质，如腐殖质淀积 Bh、粘粒淀积 Bt、铁质淀积 Bir 等。

④ 土壤剖面描述

I. 记载土壤剖面所在位置、地形部位、母质、植被或作物栽培情况、土地利用情况、地下水深度、地形草图可画地貌素描图，要注明方向，地形剖面图要按比例尺画，注明方向，轮作施肥情况可向当地社员了解。

II. 划分土壤剖面层次，记载厚度，按土层分别描述各种形态特征、土层线的形状及过渡特征。

III. 进行野外速测，测定 pH 值、高铁、亚铁反应及石灰反应，填入剖面记载表。

IV. 最后根据土壤剖面形态特征及简单的野外速测，初步确定土壤类型名称，鉴定土壤肥力，提出利用改良意见。

5.3.2 土壤剖面样品采集

(1) 采集纸盒标本

根据土壤剖面层次，由下而上逐层采集原状土挑出结构面，按上下装入纸盒 2，结构面朝上，每层装一格，每格要装满，标明每层深度，在纸盒盖上写明采集地点、地形部位、植物母质、地下水位、土壤名称、采集日期及采集人。

(2) 采集分析样品

采集分析标本，根据剖面层次分层取样，依次由下而上逐层采取土壤样品，装入布袋或塑料袋，每个土层选典型部位取其中 10 厘米厚的土样，一般为 1~0.5 千克，要记载采样的实际深度，用铅笔填写标签，一式两份，一份放入袋中，一份挂在袋外。

第2章 树木识别技术

1. 树木形态认知

1.1 根的形态

根是植物长期演化过程适应陆生生活发展起来的器官,种子植物和蕨类植物中大多数有根的出现。根一般生长在土壤之中,由于土壤中相对稳定的环境条件,因此根是植物体中比较保守的器官。根的主要功能表现在以下几个方面:支持和固定作用,吸收作用,输导作用,合成和转化作用,分泌作用,繁殖作用。

1.1.1 根的来源和种类

根据来源,根可分为定根和不定根,定根包括主根和侧根两类。

(1)定根

主根:种子萌发时,胚根最先突破种皮,向下生长,伸入土中。由胚根直接伸长而形成的根,称为主根。

侧根:当主根生长到一定程度,在一定部位会产生分枝。这些分枝根称为侧根。

主根和侧根都来源于胚根,并且都有一定的发生位置,称为定根。

(2)不定根

植物体在主根和侧根以外的部分如茎、叶、胚轴或老根上产生的根统称为不定根。

1.1.2 根系类型及根系在土壤中的分布

(1)根系类型

一株植物体全部根的总体,不论是由定根还是由不定根发育而成的,统称为根系。根系可分为直根系和须根系两类。

直根系:主根与侧根在形态上区别明显,并在土壤中延伸较深的根,也称深根系。这是绝大多数双子叶植物和裸子植物根系的特征。

须根系:主根不发达或早期停止生长,由茎基部生出许多较长、粗细相似的不定根,呈须状根系,在土壤中延伸较浅,也称浅根系。这是大多数单子叶植物根系的特征。

(2)根系在土壤中的分布

植物根系在土壤中分布的深度和广度常因植物的种类、生长发育的好坏、土壤条件以及人为因素的不同影响而异。根在土壤中的分布分为深根系和浅根系两类。有些植物的主根发达,向下垂直生长,深入土壤达2~5米,甚至10米以上,某些生长在干旱沙漠的植物,如骆驼刺的根系可伸入土层达20米左右。这种向深处分布的根系,称为深根系。一般直根系多为深根系,如大豆、蓖麻、马尾松等;而另一些植物的主根不发达,不定根或侧根较主根发达,或主根形成后不久,即从胚轴基部发生几条不定根,以后在分蘖节上继续产生不定根,不定根的数目和伸出的迟早一般随植物的种类而有所不同。这类根系以水平方向朝四周扩展,占有较大的面积,常分布在土壤的浅中层,称为浅根系。一般须根系多为浅根系,如车前、小麦、水稻等。在生产上,直根系植物可适当深施肥,须根系植物可适当浅施肥,并利用控制水、肥及光照强度来调整作物的根系,以达到丰产的目的。

1.2 茎的形态

茎一般生长在地面以上,是连接叶和根的轴状结构,其上生有叶,是植物体的三大营养器官之一。由于植物地上部分的生态环境相对变化较大,因而茎的形态构造比较复杂。

1.2.1 茎的相关概念

大多数植物的茎为圆柱形,有些植物的茎外形有所变化,如益母草、五色梅的茎为四棱形,莎草科植物的茎为三棱形,芹菜的茎为多棱形,仙人掌等植物的茎为扁形。

茎具有节和节间,茎上着生叶的部位称为节,相邻两个节之间的部分称为节间。茎的顶端和叶腋处着生有芽。着生叶和芽的茎称为枝条。叶柄与枝相交的内角叫叶腋。

由于枝条伸长的情况不同,影响到了节间的长短。节间长短随植物种类、植物体的不同部位以及生育期和生长条件变化而有所差异。银杏、雪松等树种,它们的植物上有长枝和短枝之分,长枝的节与节间的距离较远,短枝的节与节间相距很近。短枝是开花结果的枝条,故又称为花枝或果枝。

木本植物的枝条,其叶片脱落后留下的痕迹称为叶痕。叶痕中的点状突起,是茎与叶柄间维管束断离后留下的痕迹,称为叶迹。在木本植物的枝条上还有皮孔,它是茎内组织与外界气体交换的通道。皮孔后来因枝条不断加粗而胀破,所以通常在老茎上就看不到皮孔。枝条上,顶芽开放后芽鳞脱落留下的痕迹叫芽鳞痕,根据芽鳞痕的数目可以判断枝条的年龄。

1.2.2 茎的分类

(1)根据茎的性质分类

① 木本茎:茎显著木质化且木质部极发达。

乔木:植株高大,主干明显,下部分枝少,一般茎高6米以上,如马尾松、杉木。按其树高可分为:伟乔木:树高>30米;大乔木:树高21~30米;中乔木:树高11~20米;小乔木:树

高 6~10 米;

灌木:植株矮小,主干不明显,下部分枝多,如杜鹃、栀子花。一般茎高 6 米以下。

亚灌木:介于木本和草本之间,近基本木质化,如草珊瑚、草麻黄。

② 草质茎:茎质地柔软,木质部不发达,如牵牛花、鸡冠花。

③ 肉质茎:茎肉质肥厚、多汁,如芦荟、仙人掌。

(2)根据茎的生长习性分类

① 直立茎:茎直立生长于地面,不依附于其他物体的茎,如芹菜、杜仲、松、杉。

② 缠绕茎:茎细长,依靠自身缠绕他物作螺旋状上升的茎,如牵牛花、何首乌。

③ 攀援茎:茎细长,靠攀援结构依附他物上升的茎,如栝楼、葡萄攀缘结构是茎卷须,豌豆的攀缘结构是叶卷须;爬山虎的攀缘结构是吸盘;钩藤、蒲草的攀缘结构是钩、刺;络石、薜荔的攀缘结构是不定根。

④ 匍匐茎:茎细长平卧地面,沿地面蔓延生长,节上生有不定根,如连钱草、积雪草、红薯。

⑤ 平卧茎:茎通常草质而细长,在近地表的基部即分枝,平卧地面向四周蔓延生长,但节间不甚发达,节上通常不长不定根,故植株蔓延的距离不大,如地锦、蒺藜等。

⑥ 斜升茎:茎的质地、粗细不一,可为草本,亦可为木本,植株幼时茎不完全呈直立状态,而是偏斜而上,但不横卧地面,随植株生长而茎的上部逐渐变直立,故长成后植株下部呈弧曲状、上部呈直立状,如草本植物的酢浆。

1.2.3 树皮开裂方式

树皮:形成层或者木质部以外所有组织的总称。在较老的树木中,树皮可以分为死的外树皮和活的内树皮两部分。不同植物其树皮的开裂方式也不一样,常见的开裂方式有:

平滑:树皮不开裂,手摸有平滑的感觉,如梧桐。

粗糙:树皮不开裂或无明显开裂,手感较粗糙,如臭椿。

细纹裂:树皮开裂痕迹浅且密,如水曲柳。

浅纵裂:树皮深裂,呈纵向沟纹,如紫梅。

深纵裂:树皮深裂,呈纵向宽而深裂痕,如槐树。

不规则纵裂:树皮裂痕基本为纵向开裂,但不规则,如黄檗。

横向浅裂:树皮横向开裂,裂痕较浅,如桃。

方块状开裂:树皮深裂,裂片呈方块状,如柿树。

鳞块状开裂:树皮深裂,裂片呈鳞块状,如油松。

鳞片状开裂:树皮深裂,裂片呈鳞片状,稍张开,如鱼鳞油松。

鳞状剥落:树皮鳞片状开裂,且裂片剥落,如榔榆。

片状剥落:树皮几乎平滑,但间有片状剥落,如白皮松。

纸状剥落:树皮光滑,从内向外,层次明显,树皮断面,每层薄如纸片,局部有剥落,如白桦。

1.2.4　茎的分枝方式

茎在生长时，由顶芽和腋芽形成主干和分枝。由于顶芽和腋芽活动的情况不同，在长期的进化过程中每一种植物都会形成一定的分枝方式。

（1）单轴分枝

从幼苗形成开始，主茎的顶芽不断向上生长，形成直立而明显的主干，主茎上的腋芽形成侧枝，侧枝再形成各级分枝，但它们的生长均不超过主茎，主茎的顶芽活动始终占优势，这种分枝方式称为单轴分枝，又称总状分枝。

大多数裸子植物和部分被子植物具有这种分枝方式，如松、杉、白杨、柳等。这种分枝方式能获得粗壮通直的木材。一些草本植物，如黄麻等亦为单轴分枝，在栽培时，保持其顶端优势可提高麻类的品质。

（2）合轴分枝

主茎的顶芽生长到一定时期，会渐渐失去生长能力，继由顶芽下部的侧芽代替顶芽生长，迅速发展为新枝，并取代主茎的位置。不久，新枝的顶芽又会停止生长，再由其旁边的腋芽所代替，以此类推……这种主干是由许多腋芽发育而成的侧枝联合组成，称为合轴分枝。

这种分枝在幼嫩时显著呈曲折状。合轴分枝的节间较短，能多开花、结果，是丰产的分枝方式，合轴分枝植株上部或树冠呈开展状态，有效地扩大光合作用面积，是比较进化的分枝方式。有些植物，如茶树和一些树木，在幼年时为单轴分枝，成年时又出现合轴分枝。棉花植株上也有单轴分枝方式的营养枝（只长叶和芽而无花）与合轴分枝方式的果枝。大多数被子植物，如马铃薯、番茄、苹果、梨、桃、杏、核桃、桑和柳等都有这种分枝方式。

（3）假二叉分枝

指具有对生叶的植物，在顶芽停止生长或分化成花芽后，由顶芽下两个对生的腋芽同时生长，形成叉状侧枝，新枝的顶芽侧芽生长活动与母枝相同。假二叉分枝多见于被子植物木犀科、石竹科，如丁香、茉莉、梓树、泡桐、槲寄生等。实际上是特殊形式的合轴分枝。

（4）二叉分枝

亦称叉状分枝，是分枝方式的一种。在植物的形态结构上，这种分枝方式是最原始的类型。蕨类绝大多数是二叉分枝式，但种子植物却很少具有这种分枝方式。这是两条强弱相等的分枝，其立体排列的比平面排列的显示为古老的类型，如果形成主轴，则演化成单轴分枝。

（5）禾本科植物的分蘖

小麦、水稻等禾本科植物的分枝方式和上述不同，分枝主要集中于主茎的基部。其特点是主茎基部的节较密集，节上生出许多不定根，分枝的长短和粗细相近，呈丛生状态，禾本科植物的这种分枝方式称为分蘖。在农业生产上，把能开花结实的分蘖称为有效分蘖、不能开花结实的分蘖称为无效分蘖。生产上采取合理密植、控制水肥等措施，促进有效分蘖而抑制无效分蘖，以确保丰收。

1.2.5 芽的类型

芽是处于幼态而未伸展的枝、花或花序，也就是枝或花序尚未发育前的雏体。以后发育成枝的芽称为枝芽，通常误称为叶芽；发展成花或花序的芽称为花芽。

依据芽在枝上的位置、芽鳞有无、形成器官的性质和它的生理活动状态等特点来划分，芽可以分为以下几种类型。

（1）按芽在枝条上的位置分

① 定芽：芽有特定的发生位置。

顶芽：生在主干或侧枝顶端的芽；

腋芽：在枝的侧面叶腋内的芽，也称为侧芽。

通常多年生落叶植物在叶落后，枝上的腋芽会非常明显，接近枝基部的腋芽往往较小，在一个叶腋内通常只有一个腋芽，如杨、柳、苹果等。但有些植物如金银花、桃、桑和棉等部分或全部叶腋内，腋芽不止一个，其中后生的腋芽称为副芽。有的腋芽生长位置较低，被覆盖在叶柄基部内，直到叶落叶后芽才显露出来，称为叶柄下芽，如悬铃木、刺槐等的腋芽，有叶柄下芽的叶柄，基部往往膨大。

② 不定芽：无特定的发生位置的芽。

（2）按芽发育所形成的器官分

叶芽：发育形成枝条的芽；

花芽：发育形成花的芽；

混合芽：可以同时发育成枝和花的芽。

（3）按芽的构造分

裸芽：芽外面无鳞片包被的芽，如枫杨；

鳞芽：芽外面有鳞片包被的芽，如茶花。

（4）按芽的生理活动状态

活动芽：在生长季节活动的芽；

休眠芽：芽在生长季节不生长，不发展，保持休眠状态。

1.3 叶的形态

叶是植物进行光合作用，制造养料，进行气体交换和水分蒸腾的重要器官。叶主要着生于茎节处，芽或枝的外侧。

1.3.1 叶的组成

（1）双子叶植物叶的组成

叶可分为叶片、叶柄和托叶三部分。

叶子有完全叶和不完全叶之分。

① 完全叶：具有叶片、叶柄和托叶三部分的叶，称为完全叶。典型叶片为薄片状，内有叶

脉。叶柄是连接叶片与茎的部分,托叶是叶柄基部的附属物,通常是两枚,细小,有的早期脱落,如桃、月季等。

②不完全叶:仅有叶片、叶柄和托叶中其一或其二的叶,称为不完全叶。无托叶的不完全叶较为普遍,如丁香、白菜等。没有叶柄的不完全叶叫作无柄叶;叶片基部抱茎的叫作抱茎叶;叶片基部延伸到茎上形成翼状或棱状的叫作下延叶;如果叶基两侧裂片围绕茎部,则称穿茎叶;如缺乏叶片而叶柄扁化成叶片状的,叫作叶状柄,如台湾相思树。以上各类均属于不完全叶。

（2）单子叶植物叶的组成

禾本科作物的叶为单叶,它分为叶鞘和叶片两部分,叶鞘狭长而抱茎,能起到保护、输导和支持的作用。叶片呈条形或狭带形,上有纵列平行脉序。叶片与叶鞘连接处的外侧叫叶颈,是一个不同色泽的环,水稻的叶颈为淡青黄色,叫作叶环（栽培学上叫叶枕）。在叶片与叶鞘相接处的腹面,有膜状的突出物,叫作叶舌,它可防止水分、昆虫和病菌孢子落入叶鞘内。叶舌两旁的耳状突出物叫作叶耳。

1.3.2 叶片的形态

叶的形态包括叶形、叶基、叶尖、叶缘、叶裂等形态。

（1）叶形

叶形主要根据叶片的长度与宽度的比例以及最宽处的位置来确定。常见的叶形有——

针形:叶片细长,顶端尖细如针,横切面呈半圆形,如黑松;横切面呈三角形,如雪松。

披针形:叶片长为宽的 4～5 倍,中部以下最宽,向上渐狭,如垂柳;若中部以上最宽,向下渐狭,则为倒披针形,如杨梅。

矩圆形:亦称长圆形。叶片长约为宽的 3～4 倍,两侧边缘略平行,如枸骨。

椭圆形:叶片长为宽的 3～4 倍,最宽处在叶片中部,两侧边缘呈弧形,两端均等圆,如桂花。

卵形:叶片长为宽的 2 倍或更少,最宽处在中部以下,向上渐狭,如女贞;如中部以上最宽,向下渐狭,则为倒卵形,如海桐。

圆形:叶片长宽近相等,形如圆盘,如猕猴桃。

条形:叶片长而狭,长为宽的 5 倍以上,两侧边缘近平行,如水杉。

匙形:叶片狭长,上部宽而圆,向下渐狭似汤匙,如金盏菊。

扇形:叶片顶部甚宽而稍圆,向下渐狭,呈张开的折扇状,如银杏。

镰形:叶片狭长而少弯曲,呈镰刀状,如南方红豆杉。

肾形:叶片两端的一端外凸,另一端内凹,两侧圆钝,形同肾脏,如如意堇。

心形:叶片长宽比如卵形,但基部宽而圆,且凹入,如紫荆;如顶部宽圆而凹入,则为倒心形,如酢浆草。

提琴形:叶片似卵形或椭圆形,两侧明显内凹,如白英。

菱形：叶片近于等边斜方形，如乌桕。

三角形：叶片基部宽阔平截，两侧向顶端汇集，呈任何一种三边近相等的形态，如扛板归。

鳞形：专指叶片细小呈鳞片状的叶形，如侧柏。

以上是几种较常见的叶形，除此以外还有剑形、镘形、箭形等。

盾状叶：凡叶柄着生在叶片背面的中央或边缘内的为叶柄盾状着生，其叶称为盾状叶，如莲。

其实在各种植物中，叶形远远不止这些，也不完全长得像上述那么典型，例如它可既像卵形又像披针。在观察叶形时，要注意有些植物具有异形叶的特点，就是在同一植株上，具有两种明显不一致的叶形。如薜荔，在不开花的枝上叶片小而薄，形状为卵形；而在开花的枝上，叶大呈厚革质，卵状椭圆形，两者大小相差数倍，但这两种叶都可以出现在同一植株上。水生植物菱亦如此，浮于水面的叶呈菱状三角形，沉在水中的叶则为羽毛状细裂，两者相差悬殊。异形叶的现象出现在同一种的不同植株上就比较麻烦，如柘树的雄株与雌株叶形不一，时常会被人误认为是两种植物。

（2）叶尖

叶尖是叶片的先端，其常见的叶尖类型有——

渐尖：叶尖较长，或逐渐尖锐，如菩提树的叶。

急尖：叶尖较短而尖锐，如荞麦的叶。

钝形：叶尖钝而不尖，或近圆形，如厚朴的叶。

截形：叶尖如横切成平边状，如鹅掌楸、蚕豆的叶。

具短尖：叶尖具有突然生出的小尖，如树锦鸡儿。

具骤尖：叶尖尖而硬，如虎杖、吴茱萸的叶。

微缺：叶尖具浅凹缺，如苋、苜蓿的叶。

倒心形：叶尖具较深的尖形凹缺，而叶两侧稍内缩，如酢浆草的叶。

（3）叶基

叶基是叶片的基部，其常见的类型有——

楔形：基部两边较平直，叶片不下延至叶柄的叶基，如枇杷。

戟形：基部下端略呈戟形，两侧叶耳宽大而呈戟刃状的叶基，如菠菜。

偏斜：基部两边大小形状不对称的叶基，如曼陀罗、秋海棠。

抱茎：叶基部抱茎，如青菜的茎生叶。

截形：基部近于平截，或略近于平角的叶基，如加拿大杨。

下延：叶片下延至叶柄下端的叶基，如烟草、山莴苣。

圆钝：基部两边的夹角为钝角，或下端略呈圆形的叶基，如蜡梅。

渐狭：基部向下渐趋尖狭，但叶片不下延至叶柄的叶基，如樟树。

心形:基部下端略呈心形,两侧叶耳宽大圆钝的叶基,如苘麻。

耳形:基部两侧成耳垂状,如苦荬菜。

箭形:基部两侧小裂片尖锐,向下,形似箭头,如慈菇。

(4)叶缘

叶缘即叶片的边缘其常见的类型有——

全缘:周边平滑或近于平滑的叶缘,如女贞。

齿缘:周边齿状,齿尖两边相等,而较粗大的叶缘。

细锯齿:周边锯齿状,齿尖两边不等,通常向一侧倾斜,齿尖细锐的叶缘,如茜草。

锯齿:周边锯齿状,齿尖两边不等,通常向一侧倾斜,齿尖粗锐的叶缘,如茶。

钝锯齿:周边锯齿状,齿尖两边不等,通常向一侧倾斜,齿尖较圆钝的叶缘,如地黄。

重锯齿:周边锯齿状,齿尖两边不等,通常向一侧倾斜,齿尖两边亦呈锯齿状的叶缘,如刺儿菜。

曲波:周边曲波状,波缘为凹凸波交互组成的叶缘,如茄。

凸波:周边凸波状,波缘全为凸波组成,如连钱草。

凹波:周边凹波状,波缘全为凹波组成,如曼陀罗。

(5)叶裂

叶裂是指叶缘具有较大缺刻的边缘形态。

叶裂的形状——

掌状裂:裂片围绕叶基部呈手掌状排列的称为掌状裂,如八角金盘。

羽状裂:裂片在中脉两侧呈羽毛状排列的称为羽状裂,如银桦。

叶裂的程度——

浅裂:叶片缺刻最深不超过叶片的1/2,如菊花。

深裂:叶片缺刻超过叶片的1/2但未达中脉或叶的基部,如蒲公英。

全裂:叶片缺刻深达中脉或叶的基部,如大麻。

1.3.3 叶脉

叶脉在叶面上的分布形式,有下列主要类型——

(1)网状脉

羽状网脉:中脉(主肋)显著,两侧分生羽状排列的侧脉,侧脉与主脉夹角多成锐角,如鹅耳枥。

掌状网脉:数条主脉从叶片基部辐射出生,呈掌状分叉,其中仅有三条主脉时,称为三出脉。

(2)平行脉

横出平行脉:侧脉与中脉平行排列直达叶端,如芭蕉等。

直出平行脉:自中脉分出走向叶缘,没有明显的小脉联结,如玉米、水稻、竹类等。

弧形脉：中脉直伸，侧脉成弧形弯曲，如玉簪。

（3）射出脉

盾状叶的叶脉从叶中部向各方辐射伸出。

（4）叉状脉

叶脉连续二叉状分枝，侧脉先端不相连接，如银杏。

1.3.4 单叶与复叶

单叶：一个叶柄只有一片叶片则称为单叶。

复叶：一个叶柄上有两个以上的叶片称为复叶。

（1）羽状复叶

小叶排列在叶轴的两侧呈羽毛状，羽状复叶又分为——

奇数羽状复叶：顶端生有一片顶生小叶，小叶的数目为单数的羽状复叶，如刺槐。

偶数羽状复叶：顶端生有两片顶生小叶，小叶的数目为偶数的羽状复叶，如花生。

（2）掌状复叶

小叶着生于总叶柄顶端一个点，向各方展开而成手掌状的叶，如七叶树。

（3）三出复叶

仅有三个小叶着生在总叶柄上。

羽状三出复叶：顶生小叶生于总叶柄顶端，两个侧生小叶生于总柄两侧，如大豆；

掌状三出复叶：三个小叶都生于总叶柄顶端；

盾状三出复叶：三个小叶都着生在叶轴顶端，主脉间的夹角互为 $120°$，叶面与叶轴近垂直；

盾状四出复叶：四个小叶都着生在叶轴顶端。

（4）单身复叶

两个侧生小叶退化，总叶柄顶端只着生一个小叶，总叶柄顶端与小叶连接处有关节，如柑橘。

1.3.5 叶序

叶在茎枝上排列的式称为叶序。

（1）互生

每节上只着生 1 片叶，如棉花、杨树、苹果等。

（2）对生

每节上相对着生两片叶，如丁香、石竹、女贞等。

交互对生：上下相邻的两个节上的着生方向互相垂直，如唇形科植物。

二列对生：交互对生的叶序，由于枝条的水平伸展所有叶柄发生扭曲，使叶片排在同一平面上，呈二列状。

（3）轮生

每节上着生三个或三个以上的叶，如夹竹桃、茜草科植物等。

（4）簇生

两个或两个以上的叶着生于极度缩短的短枝上，如银杏、油松等。

（5）基生

叶着生在茎基部近地面处，如车前、蒲公英等。

1.3.6 叶片的质地

（1）革质

叶片的质地坚韧而较厚，如枸骨、桂花。

（2）纸质

叶片的质地柔韧而较薄，如紫荆。

（3）肉质

叶片的质地柔软而较厚，如马齿苋。

（4）草质

叶片的质地柔软而较薄，如薄荷。

（5）膜质

叶片的质地柔软而极薄，如麻黄。

1.4 营养器官变态

1.4.1 根的变态类型

根、茎、叶都一定有与功能相适应的形态结构。然而在自然界中，植物为适应某一特殊环境而改变器官原有的功能，其形态、结构也会随之发生改变。这种由于功能的改变而引起的形态结构上的变化称为变态。

由于植物可以适应不同的生活条件，根的功能特化，产生了许多变态，主要有：贮藏根、气生根和寄生根三类。

（1）贮藏根

具有贮藏养料的功能，所贮藏的养料可供越冬植物来年生长发育使用。根据来源可以分为——

肉质直根：主要是由主根发育而成，因而一株植物仅有一个肉质直根，如萝卜、胡萝卜、甜菜的肉质肥大的根。

块根：主要是由不定根和侧根发育而成，因而一株植物有可能会形成多个块根，如番薯的肥大肉质根是常见的块根之一。

（2）气生根

能在空气中生长的根，这些根具有吸收、呼吸、攀缘的作用。常见的气生根有三种。

支持根:由不定根形成,当植物的根系不能支持地上部分时,常会产生支持作用的根,如玉米、榕树的支持根比较明显。

呼吸根:海边的红树林及沼泽边的水松,根部有伸出水面的根,具有呼吸的功能。

攀援根:通常从藤本植物的茎藤上长出,用其攀附于其他物体上,使细长柔弱的茎能领先其他物体向上生长,这类不定根称为攀援根,常见于木质藤本植物,如常春藤、凌霄花。

(3)寄生根

高等植物中的寄生植物是通过根发育出的吸器伸入寄主植物的根或茎中以获取营养物质,因此这种结构称为寄生根,如菟丝子的根。

1.4.2 茎的变态类型

(1)地下茎的变态类型

根状茎:茎在地下的延伸,呈根状,常横走于土中,有节和节间,并有鳞片状的退化叶,节上有不定根,芽可形成地上如沙鞭、芦苇等;有的根状茎肥厚多汁,如莲藕、黄精等。

块茎:短缩肥厚的地下茎。顶端有顶芽,侧面有螺旋状排列的芽眼及侧芽,如马铃薯等。

球茎:肥大肉质而扁圆的地下茎。顶端有粗壮的顶芽,侧面有明显的节和节间,节部有干膜质的鳞片及腋芽,下部有多数不定根,如荸荠。

鳞茎:极度短缩而扁平的地下茎,其上着生许多肥厚多汁的鳞叶或芽。根据其外围有无干燥膜质的鳞叶,又可分为有被鳞茎,如葱头、蒜等,及无被鳞茎,如百合。

(2)地上茎的变态类型

叶状茎或叶状枝:茎或枝扁平或圆柱形,绿色如叶状,行使叶的作用,如天门冬属的植物及扁竹蓼等。

枝刺:枝变成尖锐而硬化的棘刺,着生的位置是枝条上芽的位置,如皂荚等。

茎卷须:攀援植物的枝常变态成卷须,着生于叶腋或与叶对生处,如葡萄等。

肉质茎:由茎变态成的肥厚多汁的绿色肉质茎,叶常退化,适于干旱地区的生活,如仙人掌类的肉质植物。变态茎可呈球状、柱状或扁圆柱形等多种形态。

1.4.3 叶的变态类型

叶的变态类型有——

(1)叶卷须:豌豆复叶顶端的2~3对小叶变成了卷须,适应于攀缘生长。

(2)鳞片叶:洋葱其鳞茎盘上的肉质和膜质叶都为鳞片叶。

(3)叶刺:仙人掌植物的肉质茎上的刺即为叶刺。另外,刺槐叶柄基部有一对变态托叶刺。

(4)捕虫叶:有些植物叶变态成为盘状或瓶状,为捕食小虫的器官,称捕虫叶,如膏菜、猪笼草。

(5)苞片和总苞:苞片是生于花下的变态叶,一般较小,仍为绿色,如棉花花萼外有3片苞片(副萼)。而位于花序基部的苞片称总苞,如玉米雌花序基部的变态叶。

(6)叶状柄:如台湾相思树的叶片退化,而叶柄变态为扁平叶状体,代替叶进行光合作用。

1.5 花的类型

1.5.1 花的组成

花一般由花梗、花托、花被(包括花萼、花冠)、雄蕊群、雌蕊群几部分组成。

花萼由萼片组成;花冠由花瓣组成;花萼和花瓣统称为花被;花萼、花被、雄蕊和雌蕊着生在花托上。花梗又称为花柄,为花的支持部分,自茎或花轴长出,上端与花托相连。花梗的长短因植物的种类而异,如梨的花梗很长,而茶的花梗则很短。花梗上着生的叶片,称为苞叶、小苞叶或小苞片。花托为花梗上端着生花萼、花冠、雄蕊、雌蕊的膨大部分。其下面着生的叶片称为副萼。花托常有凸起、扁平、凹陷等形状。

1.5.2 花的类型

(1)依花的组成状况来划分

完全花:如果一朵花中花萼、花冠、雄蕊、雌蕊四部分都具有的花,例如桃、李。

不完全花:若一朵花中缺少其中任意的 1~3 部分的花,如南瓜的雌花或雄花,杨树、柳树的雌花或雄花。

(2)依性别划分

两性花:在一朵花中,不论其花被存在与否,只有雌蕊和雄蕊都存在且正常发育,如茶花、杜鹃等。

单性花:在一朵花中,只有雄蕊或只有雌蕊发育正常的花,如瓜类;在单性花中,雄蕊发育正常的称雄花,雌蕊发育正常的称雌花。雌花和雄花生长在同一株植株上的,叫作雌雄同株,如南瓜、玉米;雌花和雄花同若不生长在一株植株上的,叫作雌雄异株,如银杏、苏铁、杨树。

中性花(无性花):一朵花中的雌雄蕊均不具备或缺少,向日葵花序中的边花。

杂性花:指一种植物既有单性花,又有两性花,如槭属。

孕性花:指雌蕊发育正常,能够结种子的花。

不孕性花:指雌蕊发育不正常,不结种子的花。

(3)依花被的状况分

两花被:指一朵花同时具有花萼和花冠,如月季、玫瑰。

单被:指一朵花只有花萼,而无花冠的花,如菠菜。

裸花:指一朵花中花萼和花冠均缺,如杨树、柳树。

重瓣花:指一些栽培植物中花瓣层数(轮)增多的花,如康乃馨、茶花。

(4)依对称性分

辐射对称花:一朵花的花被片的大小、形状相似,通过其中心可做出多个对称面来,如桃、李。

和左右对称花:一朵花的花被片的大小、形状不同,通过其中心只能做一个对称面。

完全不对称花:一朵花的花被片大小、形状不同,这种花通过它的中心一个对称面也没有,也是一种不整齐花,如美人蕉、三色堇等。

1.5.3 花托

花托是花柄或小梗的顶端部分,一般略呈膨大状。

花托的形状随植物种类而各异,一般可以按形状分为以下7种——

(1)花托突出如圆柱状:如玉兰、木兰。

(2)花托突出如覆碗状:如草莓。

(3)花托凹陷如碗状:很多蔷薇科植物的花托中央部分向下凹陷并与花被、花丝的下部愈合形成盘状、杯状或壶状的结构,称为被丝托或托杯,如珍珠梅、桃、蔷薇等。

(4)花托膨大呈倒圆锥形:如莲。

(5)花托延伸成为雌蕊柄:有的花托在雌蕊群基部向上延伸成为柄状,称雌蕊柄,如落花生的雌蕊柄在花完成受精作用后迅速延伸,将先端的子房插入土中,形成果实,所以也称为子房柄。

(6)花托延伸成为雌雄蕊柄:西番莲、苹婆属等植物的花托,在花冠以内的部分延伸成柄,称为雌雄蕊柄或两蕊柄。

(7)花托延伸成为花冠柄:也有花托在花萼以内的部分伸长成花冠柄,如剪秋萝和某些石竹科植物。

1.5.4 花萼的类型

花萼为花朵最外层着生的片状物,每个片状物称为萼片。通常绿色,但有些植物的花萼具有颜色成花瓣状。有些植物的萼片是分离的,称为离萼,而有些植物的萼片从基部或多或少相互合生。

(1)按萼片的离合程度

离萼:一朵花的萼片各自分离,称离萼,如白菜花;

合萼:彼此联合的,称为合萼,如丁香花。

(2)按萼片的大小

整齐萼:萼片大小相同;

不整齐萼:萼片大小不同。

(3)按萼片是否脱落

早落萼:萼片比花冠先脱落的,称为早落萼,如罂粟;

落萼:萼片和花冠一起脱落,称为落萼,如油菜、桃;

宿萼:花萼常留花柄上,随同果实一起发育,称为宿萼,如茄、柿、番茄、辣椒等。

1.5.5 花瓣的类型

花冠是由若干的花瓣组成,花冠常有各种艳丽的颜色。

花冠有离瓣花冠与合瓣花冠之分。离瓣花冠是指花瓣彼此分离的花冠,如桃花、杏花。合瓣花冠是指花瓣彼此联合的花冠。常见的花冠类型为——

(1)十字花冠:花瓣4片,具爪,排列成十字形(瓣爪直立,檐部平展成十字形),为十字花科植物的典型花冠类型,如二月蓝、菘蓝等。

(2)蝶形花冠:花瓣5片,覆瓦状排列,最上一片最大,称为旗瓣;侧面两片通常较旗瓣为小,且与旗瓣不同形,称为翼瓣;最下两片其下缘稍合生,状如龙骨,称龙骨瓣。常见于豆科植物如黄芪、甘草、苦参等。

(3)唇形花冠:花冠下部合生成管状,上部向一侧张开,状如口唇,上唇常2裂,下唇常3裂。常见于唇形科植物如薄荷、黄芩、丹参等。

(4)高脚碟形花冠:花冠下部合生成狭长的圆筒状,上部忽然成水平扩大如碟状。常见于报春花科、木犀科植物如报春花、迎春花等。

(5)漏斗状花冠:花冠下部合生成筒状,向上渐渐扩大成漏斗状。常见于旋花科植物如牵牛、打碗花等。

(6)钟状花冠:花冠合生成宽而稍短的筒状,上部裂片扩大成钟状。常见于桔梗科、龙胆科植物如桔梗、沙参、龙胆等。

(7)辐状花冠或轮状花冠:花冠下部合生形成一短筒,裂片由基部向四周扩展,状如轮辐。常见于茄科植物如西红柿、马铃薯、辣椒、茄、枸杞等。

(8)管状花冠:花冠大部分合生成一管状或圆筒状。常见于菊科植物如向日葵、菊花等头状花序上的盘花(靠近花序中央的花)。

(9)舌状花冠:花冠基部合生成一短筒,上部合生向一侧展开如扁平舌状。常见于菊科植物如蒲公英、苦荬菜的头状花序的全部小花,以及向日葵、菊花等头状花序上的边花(位于花序边缘的花)。

1.5.6 花被的卷迭式

花被各片之间的排列方式称为花被卷迭式,是因种而各异的花部特征,在花蕾刚刚绽开时较为明显,常可用作分类依据。常见的花被卷迭式包括以下几种类型——

镊合状:花被各片边缘彼此接触而不互相覆盖,若各片边缘内弯称内向镊合状,若各片边缘外弯称外向镊合状。

旋转状:花被片的一边覆盖相邻被片,另一边则被另一相邻被片所覆盖。

覆瓦状:与旋转状相似,但各被片中有一片或两片完全在外,另有一片完全在内。若花被为5片,其中2片完全在外,2片完全在内,另1片一边在外一边在内,称为重覆瓦状。

1.5.7 雄蕊群

雄蕊群是一朵花中所有雄蕊的总称,雄蕊为紧靠花冠内部所着生的丝状物,其下部称为花丝,花丝上部两侧有花药,花药中有花粉囊,花粉囊中贮有花粉粒,而两侧花药间的药丝延伸部分则称为药隔。花中雄蕊的数目随植物的种类而异。

(1)雄蕊的类型

离生雄蕊:花丝、花药彼此分离,长短相近,如桃。

四强雄蕊:雄蕊6枚分离,4枚较长,2枚较短,如油菜。

二强雄蕊:雄蕊4枚分离,2枚较长,2枚较短,如泡桐。

单体雄蕊:雄蕊多数,于花丝下部彼此联合成管状,如锦葵。

二体雄蕊:雄蕊10枚,9枚花丝联合,1枚分离,成2束,如豆角。

多体雄蕊:雄蕊多数,于花丝下部彼此联合成多束,如金丝桃。

聚药雄蕊:花丝分离,花药联合,如半边莲。

冠生雄蕊:花中雄蕊长在花冠上,如茄、珍珠果。

(2)花药在花丝上的着生方式

全着药:花药全部着生在花丝上。

基着药:花药基部着生在花丝的顶端,如莲。

背着药:花药背部着生在花丝上部,如白花曼陀罗。

丁着药:花药中部着生在花丝顶端,如石蒜。

个着药:花药丬基部张开,花丝着生在交汇处,形如个子,如地黄。

广岐药:花药片茎完全分离,成一直线,花丝着生在汇合处。

(3)花药的开裂方式

孔裂:花药顶部孔状开裂,如龙葵。

瓣裂:花药中部瓣状开裂,并能自动开启如盖,如豪猪刺。

纵裂:花药由上至下纵向开裂,如蒲草。

1.5.8 雌蕊的类型

雌蕊群是一朵花中所有雌蕊的总称,雌蕊为花最中心部分的瓶状物,相当于瓶体的下部为子房,瓶颈部为花柱,瓶口部为柱头,而组成雌蕊的片片则称为心皮。若将子房切开,则所见空间称为子房室,室的外侧为子房壁,室与室间为子房隔膜,子房壁或子房隔膜上着生的小珠或小囊状物为胚珠,胚珠着生的位置为胎座,胎座的上下延伸线是为腹缝线,而腹缝线的对侧则是背缝线。不同植物的雌蕊群可以由1至数个雌蕊组成。

(1)雌蕊的类型

离生心皮雌蕊:心皮2个以上,各自于边缘愈合成分离的雌蕊,所成子房为单子房(如乌头)。

合生心皮雌蕊:心皮2个以上,彼此愈合成1个合生的雌蕊,所成子房为复子房(如藜芦、黄精、葱)。

（2）子房位置的类型

子房上位：雌蕊子房着生于凸出或平坦的花托上，而侧壁不与花托愈合。由于花的其他部分的基部位于子房下面，所以又称为花下位（如白花曼陀罗）。

子房周（中）位：雌蕊子房着生于凹陷的花托上，而侧壁不与花托愈合。由于花的其他部分的基部位于子房四周，所以又称为花周位（如桃）。

子房下位：雌蕊子房着生于凹陷的花托上，而侧壁与花托愈合。由于花的其他部分的基部位于子房上面，所以又称为花上位（如丁香）。

（3）胎座的类型

胚珠在子房内着生的部位，称为胎座。由于心皮数目以及心皮联结情况的不同，所以形成了不同的胎座类型。

边缘胎座：单心皮构成1室子房，胚珠着生于子房的腹线上，如扁豆。

侧膜胎座：2个以上心皮构成1室子房，胚珠着生于腹缝线上，如龙胆。

中轴胎座：由多心皮构成多室子房，心皮边缘在中央处联合形成中轴，胚珠着生于子房的中轴上，如白花曼陀罗。

特立中央胎座：由中轴胎座演化而来，子房室的隔膜消失，形成1室子房，但中轴还存在，胚珠着生于中轴上，如过路黄。

顶生胎座：1室子房，胚珠着生于子房室的顶端，如芫花。

基生胎座：1室子房，胚珠着生于子房室的基部，如红花。

（4）胚珠的类型

主要是由珠柄轴与胚珠轴间的夹角来确定的。珠柄轴，即珠柄在胎座上的着生点（或其脱落后脐点）与合点间的连线。胚珠轴，即合点与珠孔间的连线。

直生胚珠：为珠柄轴与胚珠轴间的夹角近于平角的胚珠，如酸模、荞麦等。

横生胚珠：为珠柄轴与胚珠轴间的夹角近于直角的胚珠，如锦葵。

弯生胚珠：为珠柄轴与胚珠轴间的夹角近于锐角的胚珠，如芸苔、豌豆。

倒生胚珠：为珠柄轴与胚珠轴间的夹角近于零度的胚珠，大多数被子植物的胚珠属于这一类型。

拳卷胚珠：珠柄特别长，并且卷曲，包住胚珠，这样的胚珠称为拳卷胚珠，如仙人掌属、漆树等。

1.5.9 花序

花在总花柄上的排列方式，称为花序。花序的总花柄或主轴称为花序轴。最简单的花序只在花轴顶端着生一花，称为单顶花序（或花单生），当它自土中发出时特称为花葶。

（1）花序着生的位置

顶生花序：生于枝的顶端。

腋生花序：生于叶腋内。

腋外生花序:生于叶腋和节之间的节间。

根生花序:由地下茎生出。

(2)花序的类型

花序的形式复杂多样,表现为主轴的长短、分枝与否、花柄有无以及各花的开放顺序等的差异。根据各花的开放顺序,可分为四大类。

有限花序:花轴呈合轴分枝或二叉分枝,它的特点是花序主轴的顶端先开花,自上而下或自中心向四周顺序开放。各花的开放顺序是由上而下,或由内而外。

无限花序:花序主轴顶端能够不断生长,花开放的顺序是由下向上或由周围向中央,最先开放的花是在花序的下方或边缘。

复花序:花序轴具分枝,分枝上生长着简单花序。

混合花序:在同一花序轴上具有两种以上类型特征混合组成的花序。此种花序往往没有单独固定的名称,而更多的情况则是以某种类型花序呈某种方式排列来进行说明。

1.6 果实的类型

1.6.1 果实的一般结构

仅由植物花的子房发育形成的果实叫真果,果皮分为外、中、内三层。有些植物的果实,除子房外,花的其他部分,如花萼、花托、花序轴等也参与了果实的形成。这样的果实叫假果,如苹果、黄瓜等。

1.6.2 果实的类型

根据果实的形态结构可分为三类,即单果、聚合果、聚花果。

(1)单果

多数植物是由花内单雌蕊或复雌蕊形成单一果实的,称为单果。而根据果熟时果皮的质地又可分为肉果与干果。

(2)聚合果

一朵花中具有许多离生雌蕊聚生在花托上,以后每一雌蕊形成一个小果,许多小果聚生在花托上,叫作聚合果,如草莓。

(3)聚花果

是由一个花序发育而成的,叫作复果或称花序果、聚花果,如桑、凤梨和无花果。

2. 植物识别的基本方法

2.1 植物分类的方法

地球上的植物经历了数十亿年的进化繁衍，形成的植物种类现已达到 50 万种，其中以种子植物种类最多，全世界已发现的种子植物种类达 25 万种以上，是森林的主要组成部分。人类的许多生活资料，如粮食、蔬菜、油料、木材、药材等都取自植物，许多工业原料，如纸张、纺织纤维、橡胶、油脂、油漆，一些医药原料等也都来源于植物。人类要认识、研究、利用和改造植物，一个最基础与最必要的手段及方法就是对众多植物加以分类。人类在识别植物和利用植物的社会实践过程中，经历了人为分类到自然分类的不同发展阶段。

2.1.1 人为分类方法

仅依植物的形态、习性、生态或用途上的一两个特征或特性为标准，不考虑植物之间的亲缘关系，而对植物进行分类的方法，称作人为分类法，例如将植物分为水生、陆生，木本植物、草本植物，栽培植物、野生植物等等。人为分类法建立的分类系统不能反映植物间的亲缘关系和进化情况，其分类范围有局限性，无法包含所有的自然种群，在科学性方面有所欠缺。但是它们在人类的生产和生活等实际应用中都起了重要作用，并为科学的分类积累了丰富的资料及经验。

2.1.2 自然分类方法

随着科学的发展、知识的累积和达尔文进化论的影响，人们根据大量的资料，借助于形态学、解剖学、细胞学、遗传学、生态学、古植物学、植物地理学和会务化学等学科的研究成果，对植物进行各种比较分析，按照植物类群间的进化规律与亲缘关系加以系统归纳，逐步建立了自然分类系统。这类分类系统客观地反映出植物界的亲缘关系和演化顺序，而且能够反映更多的信息和更多的用途，这类分类系统就属于自然分类方法。

2.2 植物分类的阶层单位

人们在运用自然分类方法进行植物分类时，设立了一系列分类等级单位，构成分类系统的层次也称为分类阶层，其基本等级有界、门、纲、目、科、属、种 7 个。其中界是最大的分类单位，种是基本的分类单位。种是具有相似的形态特征、一定的生物学特性，要求有一定的生存条件、能够产生相似的后代，在自然界占有一定分布区的一类个体综合，每一个种都具有自己的特征，并以此区别其他种。

由亲缘关系相近的种集合为属，由相近的属组合为科，如此类推。在每个等级单位内，如果种类繁多，还可划分出更细的单位来，如亚门、亚纲、亚目、亚科、族、亚族、亚属、组、亚种、变种、变型等。每一种植物通过系统分类，既可以显示出其在植物界的地位，也可表示出它与其他植物种的关系。

现以马尾松为例，说明其分类学上的系统地位：

界——植物界

门——种子植物门

亚门——裸子植物亚门

纲——松柏纲

目——松柏目

科——松科

属——松属

亚属——双维管束松亚属

种——马尾松

在实际应用中，种以下还可根据实际需要划分有变种、变型和栽培品种等种下级单位。

2.3 植物的命名

由于世界范围广大，植物种类丰富，各种植物通常在不同的国家、不同的地区有不同的名称。同一植物，即使是在同一国家也往往由于不同地区而出现同物异名或同名异物的现象。为了避免混乱、便于研究以及学术交流需要，有必要给每一种植物都制定出世界统一的科学名称。因此，国际上采用瑞典植物学家林奈所倡导的双名法作为统一的植物命名法，这一方法已沿用 200 多年，并制定了相应的国际命名法规。双命名法规定，每一种植物只能有一个正式的学名，一个完整的学名有属名 + 种加词 + 命名人姓氏的缩写，由三部分组成。

例如银杏的学名是 Ginkgo biloba L.，其中 Ginkgo 是属名，biloba 是种加词，L. 是命名人姓氏的缩写。

2.4 植物分类系统

分类系统的建立是自然分类方法的最大特点，根据自然分类法建立起来的分类系统统称为自然分类系统，自然分类系统能反映植物的进化顺序和亲缘远近关系。从 19 世纪后半期至今，分类学家在达尔文进化论的引导下，纷纷提出了许多能反映植物演化和亲缘关系的自然分类系统假说。其中，影响最大、应用最广的是德国的恩格勒（A. EngLer）系统和英国的哈钦松系统（Hutchison）。许多国家的标本、植物志的编排多采用这两个系统。近代影响较大的还有苏联的塔赫他间（Takhtajan）系统和美国的克朗奎斯特（Cronquist）系统。我国目前所普遍采用的是恩格勒系统和哈钦松系统。

2.4.1 恩格勒系统

恩格勒系统是德国植物学家恩格勒和柏兰特（Prantl）于 1897 年在《植物自然分科志》一书中发表的，是分类学史上第一个比较完整的自然分类系统。在他们的著作中，将植物界分成了 13 门,而被子植物是第 13 门中的 1 个亚门,即种子植物门被子植物亚门,并将被子植物亚门分成了双子叶植物和单子叶植物 2 个纲,将单子叶植物放在双子叶植物之前,将"合瓣花"植物归入一类,认为是进化的一群被子植物。

恩格勒系统是根据假花学说的原理而建立的,认为无花瓣、单性、木本、风媒传粉等为原始的特征,而有花瓣、两性、虫媒传粉等是进化的特征,为此,他们把柔荑花序类植物当作被子植物中最原始的类型,而将木兰、毛茛等科看作是较为进化的类型,在今日被许多植物学家认为是错误的。

恩格勒系统几经修订,在 1964 年出版的《植物分科志要》第 12 版中把原来放在分类系统前面的单子叶植物移到双子叶植物的后面,修正了认为单子叶植物比双子叶植物更原始的错误观点,但仍将双子叶植物分为古生花被亚纲和合瓣花亚纲,基本系统大纲没有多大改变;并把植物界分为 17 门,其中被子植物独立成被子植物门,共包括 2 纲、62 目、344 科。

2.4.2 哈钦松系统

哈钦松系统是在英国边沁(Bentham)和虎克(Hooke)分类系统的基础上,以美国植物学家柏施(Bessey)的花是由两性孢子叶球演化而来的概念为基础发展而成的,该系统认为:两性花比单性花原始,花各部分离、多数比联合、定数的原始,花各部螺旋状排列的比轮状排列的原始,木本比草本原始;该系统还认为被子植物是单元起源的,其中的双子叶植物以木兰目和毛茛目为起点,从木兰目演化出一支木本植物,从毛茛目演化出一支草本植物,认为这两支是平行发展的;无被花、单花被是后来演化过程中蜕化而成的,柔荑花序类各科来源于金缕梅目;单子叶植物起源于双子叶植物的毛茛目,并在早期就沿着三条进化路线分别进化,从而形成了具有明显形态区别的三大类群,即萼花群(Calyciferae)、冠花群(Corolliflorae)和颖花群(Lumiflorae)。

哈钦松系统由于坚持将木本和草本作为第一级区分,因此导致许多亲缘关系很近的科(如草本的伞形科和木本的山茱萸科、五加科等)被远远地分开,占据很远的系统位置,故这个系统很难被人接受。

2.5 标本制作

植物标本包含着一个物种的大量信息,诸如形态特征、地理分布、生态环境和物候期等,是植物分类和植物区系研究必不可少的科学依据,也是植物资源调查、开发利用和保护的重要资料。在自然界,植物的生长、发育有它的季节性以及分布地区的局限性。为了不受季节或地区的限制、有效地进行学习交流,也有必要采集和保存植物标本。

植物标本因保存方式的不同可分许多种,有腊叶标本、浸渍标本、浇制标本、玻片标本、果实和种子标本等。本书主要介绍最为常用的腊叶标本和浸渍标本的制作方法。

2.5.1 腊叶标本的制作方法

将植物全株或部分(通常带有花或果等繁殖器官)干燥后并装订在台纸上予以永久保存

的标本称为腊叶标本。这种标本制作方法最早于 16 世纪初由意大利人卢卡·吉尼（Luca Ghini）发明，世界上第一个植物标本室建于 1545 年的意大利帕多瓦大学。

（1）标本采集用具

标本夹：是压制标本的主要用具之一。它的作用是将吸湿草纸和标本置于其内压紧，使花叶不致皱缩凋落，而使枝叶平坦，容易装订于台纸上。标本夹用坚韧的木材为材料，一般长约 43 厘米，宽 30 厘米，以宽 3 厘米、厚 5～7 毫米的小木条，横直每隔 3～4 厘米，用小钉钉牢，四周用较厚的木条（约 2 厘米）嵌实。

枝剪或剪刀：用以剪断木本或有刺植物。

高枝剪：用以采集徒手不能采集到的乔木上的枝条或陡险处的植物。

采集箱、采集袋或背篓：临时收藏采集品用。

小锄头：用来挖掘草本及矮小植物的地下部分。

吸湿草纸：普通草纸。用来吸收水分，使标本易干。最好买大张的，对折后用钉书机订好。其装钉后的大小为，长约 42 厘米、宽约 29 厘米。

记录簿、号牌：用于进行野外记录。

便携式植物标本干燥器：用于烘干标本，代替频繁的换吸水纸。

其他，海拔仪、地球卫星定位仪（GPS）、照相机、钢卷尺、放大镜、铅笔、高枝剪等用品。

（2）标本的采集

应选择以最小的面积，且能表示最完整的部分，即选取有代表性特征的植物体各部分器官，一般除采枝叶外最好采带花或果。如果有用部分是根和地下茎或树皮，也必须同时选取少许压制。每种植物要采两至多个复份。要用枝剪来取标本，不能用手折，因为手折容易伤树，摘下来的压成标本也不美观。不同的植物标本应采用不同的采集方法。

木本植物：应采典型、有代表性特征、带花或果的枝条。对于先花后叶的植物，应先采花，后采枝叶，应在同一植株上，雌雄异株或同株的，雌雄花应分别采取。一般应有二年生的枝条，因为二年生的枝条较一年生的枝条常常有许多不同的特征，同时还可见该树种的芽鳞有无和多少。如果是乔木或灌木，标本的先端不能剪去，以便区别于藤本类。

草本及矮小灌木：要采取地下部分如根茎、匍匐枝、块茎、块根或根系等，以及开花或结果的全株。

藤本植物：剪取中间一段，在剪取时应注意表示它的藤本性状。

寄生植物：须连同寄主一起采压。并且将寄主的种类、形态同被采的寄生植物的关系等记录在采集记录上。

水生植物：很多有花植物生活在水中，有些种类具有地下茎，有些种类的叶柄和花柄是随着水的深度而增长的。因此在采集这种植物时，有地下茎的应采取地下茎，这样才能显示出花梗和叶柄着生的位置。但采集时必须要注意有些水生植物全株都很柔软而脆弱，一提出水面，它的枝叶即会彼此粘贴重叠，携回室内后常会失去其原来的形态。因此，在采集这类植物时最好是整株捞取，用塑料袋包好，放在采集箱里，带回室内立即将其放在水盆中，等到植物的枝叶恢复到原来的形态时，用旧报纸一张，放在浮水的标本下轻轻将标本提出水面后，立即放在干燥的草纸里好好压制。

蕨类植物：采集有孢子囊群的植株，连同根状茎一起采集。

（3）野外记录

在野外采集时只能采集整个植物体的一部分，而且有不少植物压制后与原来的颜色、气味等差别很大，如果所采回的标本没有详细记录，日后记忆模糊，就不可能对这一种植物完全了解了，鉴定植物时也会发生更大的困难。因此，记录工作在野外采集是极重要的，而且采集和记录的工作是紧密联系的。所以，我们到野外前必须准备足够的采集记录纸（格式见下），必须随采随记，只有这样养成了习惯，才能使我们熟练地掌握野外采集、记录的方法。而只有熟练掌握了野外记录后，才能保证采集工作的顺利进行。

一般应掌握的两条基本原则：一是在野外能看得见，而在成标本后无法带回的内容；二是标本压干后会消失或改变的特征。例如：有关植物的产地、生长环境、习性、叶、花、果的颜色、有无香气和乳汁，采集日期以及采集人和采集号等必须要记录。记录时应该注意观察，在同一株植物上往往有两种叶形，如果采集时只能采到一种叶形的话，那么就要靠记录工作来帮助了。此外，如禾本科植物像芦苇等高大的多年生草本植物，我们采集时只能采到其中的一部分。因此，我们必须将它们的高度、地上及地下茎的节的数目、颜色记录下来。这样采回来的标本对植物分类工作者才有价值。

采集标本时参考以上采集记录的格式逐项填好后，必须立即用带有采集号的小标签挂在植物标本上，同时要注意检查采集记录上的采集号数与小标签上的号数是否相符。同一采集人采集号要连续不重复，同种植物的复份标本要编同一号。记录上的情况是否是所采的标本，这点很重要，如果其中发生错误就会失去标本的价值，甚至影响到标本的鉴定工作。

（4）标本的压制

整形：对采到的标本根据有代表性、面积要小的原则做适当的修理和整枝，剪去多余密叠的枝叶，以免遮盖花果、影响观察。如果叶片太大不能在夹板上压制，可沿着中脉的一侧剪去全叶的40%。保留叶尖，若是羽状复叶，可以将叶轴一侧的小叶剪短，保留小叶的基部以及小叶片的着生地位，保留羽状复叶的顶端小叶。对肉质植物如景天科、天南星科、仙人掌科等先要用开水杀死。对球茎、块茎、鳞茎等除用开水杀死外，还要切除一半再压制，以便促使其干燥。

压制：整形、修饰过的标本及时挂上小标签，将有绳子的一块木夹板做底板，上置吸湿草纸4~5张。然后将标本逐个与吸湿纸相互间隔，平铺在平板上，铺时须将标本的首尾不时调换位置，在一张吸湿纸上放一种或同一种植物，若枝叶拥挤、卷曲时要拉开伸展，叶要正反面都有，过长的草本或藤本植物可作"N""V""W"形的弯折，最后将另一块木夹板盖上，用绳子缚紧。

换纸干燥:标本压制的头两天要勤换吸湿草纸。每天早晚两次换出的湿纸应晒干或烘干,换纸是否勤和干燥对压制标本的质量关系很大。要特别注意,如果两天内不换干纸,标本颜色转暗,花、果及叶便会脱落,甚至发霉腐烂。标本在第二、第三次换纸时,对标本要注意整形,枝叶展开,不使折皱。易脱落的果实、种子和花要用小纸袋装好,放在标本旁边,以免翻压时丢失。

干燥器干燥:标本也可用便携式植物标本干燥器烘干。其原理是通过轴流风机将聚热室中的普通电炉丝和红外辐射同步加热的热气流均匀地吹向干燥室,从瓦楞纸中间的空隙穿过,将植物标本中的水分迅速带走,使标本得以快速干燥。标本压制方法与上述一样,不同的是在每份或每两份标本之间插入一张瓦楞纸,以利水汽的散发。体积为 $500 \times 300 \times 300$ 毫米的干燥器每次可干燥 $100 \sim 120$ 份标本。标本上的枝、叶干燥一般耗时 $20 \sim 24$ 小时,花、果因类型不同而耗时有不同程度的增加。利用干燥器压制标本,不需要人工频繁地更换和晾晒吸水纸,提高了干燥速度,降低了工作量,标本不会因频繁换纸而损失,也不受气候的影响,且能较好地保持标本的色泽。同时,干燥器所用的红外辐射有杀虫、灭菌作用,有利于植物标本的长期保存。

标本临时保存:标本干后,如不马上上台纸,可留在吸水纸上保存较长时间。如吸水纸不够用,也可从吸水纸中取出,夹在旧报纸内暂时保存。

(5)标本的杀虫与灭菌

为防止害虫蛀食标本,必须要进行消毒,通常用升汞[即氯化汞($HgCl_2$),有剧毒,操作时需特别小心]配制 0.5% 的酒精溶液,倾入平底盆内,将标本浸入溶液处理 $1 \sim 2$ 分钟,再拿出夹入吸湿草纸内干燥。此外,也可用敌敌畏、二硫化碳或其他药剂熏蒸消毒杀虫。保存过程中也会发生虫害,如标本室不够干燥还会发霉,因此必须要经常检查。

(6)标本的装订

把干燥的标本放在台纸上(一般用 250 克或 350 克白板纸),台纸大小通常为 42×29 厘米。

但市场上的纸张规格为 109×78 厘米,照此只能裁 5 开,浪费较大,为经济着想,可裁 8 开,大小为 39×27 厘米也同样可用。一张台纸上只能订一种植物标本,标本的大小、形状、位置要适当地修剪和安排,然后用棉线或纸条订好,也可用胶水粘贴。在台纸的右下角和右上角要留出,以分别贴上鉴定名签和野外采集记录(格式见后)。脱落的花、果、叶等,装入小纸袋,粘贴于台纸上。

(7)标本的保存

装订好的标本,经定名后,都应放入标本柜中保存,标本柜应有专门的标本室放置,注意干燥、防蛀(放入樟脑丸等除虫剂)。标本室中的标本应按一定的顺序排列,科通常按分类系统排列,也有按地区排列或按科名的拉丁字母顺序排列的;属、种一般按学名的拉丁字母顺序排列。

2.5.2 浸渍标本的采集和制作

用化学药剂制成的保存液将植物浸泡起来制成的标本叫作植物的液浸标本或浸制标本。植物整体和根、茎、叶、花、果实各部分器官均可以制成浸制标本。尤其是植物的花、果实和幼嫩、微小、多肉的植物，经压干后，容易变色、变形，不易观察。制成浸制标本后，可保持原有的形态，这对于教学和科研工作具有重要意义。

植物的浸制标本，由于要求不同，处理方法也不同，一般常见的有以下几种。整体液浸标本：将整个植物按原来的形态浸泡在保存液中。解剖液浸标本：将植物的某一器官加以解剖，以显露出主要观察的部位，并浸泡在保存液中。系统发育浸制标本：将植物系统发育如生活史各环节的材料放在一起浸泡于保存液中。比较浸渍标本：将植物相同器官但不同类型的材料放在一起浸泡于保存液中。

在制作植物的浸渍标本时，要选择发育正常、具有代表性的新鲜标本。采集后，先在清水中除去污泥，经过整形，放入保存液中，如标本浮在液面，可用玻璃棒暂时固定，使其下沉，待细胞吸水后即可自然下沉。

浸渍标本的制作，主要是保存液的配制。

普通浸渍标本方法简单，易于掌握，常用的保存液配方如下：

A. 甲醛液（最常用，价格最低）

甲醛（市售者含量为40%）	5～10ml
蒸馏水	100ml

B. 酒精液（价格略贵，所浸制的标本较甲醛液软一些）

95% 酒精	100ml
蒸馏水	195ml
甘油	5～10ml

C. 甲醛、醋酸、酒精混合液（简称 FAA，浸制效果较前两种好，但价格较贵）

70% 酒精	90ml
甲醛	5ml
冰醋酸	5ml

第3章　林木种苗生产技术

1. 苗圃的建立

1.1 苗圃的规划设计

1.1.1 苗圃地的选择

在选择苗圃地时，应对苗圃地的各种条件进行深入细致的调查，从经营条件和自然条件两方面认真而慎重地选好苗圃地。

（1）经营条件：苗圃地应设在交通方便、靠近居民点的地方，以保证有充足的劳动力来源，同时便于解决电力、畜力和住房等问题。并尽量远离污染源，防止污染对苗木生长产生不良影响。

（2）自然条件：固定苗圃应设在地势平坦、排水良好的平地或 1～3 度的缓坡地上。在坡地上选择苗圃地时，宜选东南坡。南方温暖多雨地区，一般则以东南坡、东坡或东北坡为宜。苗圃以选择较肥沃的砂质壤土、轻壤土和壤土为好。砂土、重黏土和盐碱土均不宜作苗圃地。土壤的酸碱度对土壤的肥力和苗木生长也有着很大影响，选择苗圃地时必须要考虑到土壤的酸碱度应与所培育的苗木种类相适应。苗圃对水分供应条件要求很高，必须要有良好的供水条件。病虫危害严重的土地不宜作苗圃地，或者采取有效的消毒措施后再作苗圃地。

选择苗圃地要综合考虑以上条件，不能强调某些条件而忽视其他条件。相对而言，土壤条件和水源更为重要。

1.1.2 苗圃区划

苗圃地包括生产用地和辅助用地两部分，对生产用地和辅助用地要合理区划设计。

（1）生产用地的区划

可主要区划为播种区、营养繁殖区、移植区、大苗区。

① 播种区

是培育播种苗的生产区。幼苗对不良环境的抵抗力弱，要求精细管理，应选择自然条件和经营条件最有利的地段作为播种区。地势较平坦，灌溉方便，土质疏松，土层深厚肥沃，靠近管理区。如果是坡地，则最好选择背风向阳坡向。

② 营养繁殖区

是培育扦插苗、压条苗、分株苗和嫁接苗的生产区。应设在土层深厚、土质疏松而湿润、灌溉方便的地方，为提高扦插成活率，扦插区可设在设施育苗区，扦插成活后移入移植区栽培。

③ 移植区

是培育各种移植苗的生产区。所以移植区占地面积较大。一般可设在土壤条件中等、地块大而整齐的地方。

④ 大苗区

培育植株的体型、苗龄均较大并经过整形的各类大苗的作业区。大苗的抗逆性较强，对土壤要求不严，但以土层较厚、地下水位较低、地块整齐为好。在树种的配置上，要注意各树种的不同习性要求。为了出圃时运输方便，最好能设在靠近苗圃的主要干道或苗圃的外围。

（2）辅助用地的区划

苗圃的辅助用地（或称非生产用地）主要包括道路系统、排灌系统、防护林带、管理区的房屋场地等，这些用地是为服务苗木生产所占用的土地，要求既要满足生产的需要，又要设计合理、减少用地。

苗圃管理区应设在交通方便，地势高燥，接近水源、电源的地方或不适宜育苗的地方。中小型苗圃的建筑一般会设在苗圃出入口的地方。大型苗圃的建筑最好设在苗圃中央，以便于苗圃经营管理。畜舍、猪圈、积肥场等应放在较隐蔽和便于运输的地方。

1.2 苗圃地的施工与整地

1.2.1 土壤耕作

（1）土壤耕作的环节

土壤耕作的基本要求是"及时平整，全面耕到，土壤细碎，清除草根石块，并达到一定深度"。主要是耕地和耙地两个环节。

① 耕地

耕地是土壤耕作的中心环节。耕地的季节和时间应根据气候与土壤条件而定。秋耕有利于蓄水保墒、改良土壤、消灭病虫和杂草，故一般多采用秋耕，但沙土适宜春耕。山地育苗，最好在雨季以前耕地。耕地的深度要根据苗圃的条件和育苗要求而定。耕地深度一般在20～25厘米，过浅起不到耕地的作用，过深苗木根系过长，起苗栽植困难。一般的原则是播种区稍浅，营养繁殖区和移植区稍深；沙土地稍浅、瘠薄黏重地和盐碱地稍深；在北方，秋耕宜深，春耕宜浅。

② 耙地

耙地的作用是疏松表土，耙碎土块，平整土地，清除杂草，混拌肥料和蓄水保墒。一般说来，耕后应立即耙平。但在冬季积雪的北方或土壤黏重的南方，为了风化土壤、积雪保墒、冻死虫卵，耕地后可任凭日晒雨淋一些时日，抓住土壤湿度适宜时耙地或第二年春再行耙地。

1.2.2 作业方式

苗床育苗的作床时间应在播种前 1~2 周，以使作床后疏松的表土沉实。一般苗床宽 100~120 厘米，步道底宽 30~40 厘米。苗床的长度依地形、作业方式等而定。苗床的走向以南北向为好。在坡地应使苗床长边与等高线平行。作床的基本要求是"床面平、床边直、土粒碎、杂物净"。苗床育苗一般分为高床、低床、平床三种。

（1）高床：床面高出步道 15~25 厘米。高床有利于侧方灌溉及排水。降雨较多的地区和低洼积水、土质黏重地多采用高床育苗。

（2）低床：床面低于步道 15~25 厘米。低床利于灌溉，保墒性能好。干旱地区多采用低床育苗。

（3）平床：床面与地面基本持平。具有保墒、排灌方便等优点，我国北方育苗多采用平床。

1.2.3 土壤处理

土壤处理是减少土壤中的病原菌和地下害虫，减轻病原菌和地下害虫对苗木危害的措施。生产上常用药剂处理。

（1）硫酸亚铁：可配成 2%~3% 的水溶液喷洒于苗床，用量以浸湿床面 3~5 厘米。也可与基肥混拌或制成药土撒在苗床上浅耕，每亩用药量 15~20 千克。

（2）福尔马林：用量为 50ml/m²，稀释 100~200 倍，于播种前 10~15 天喷洒在苗床上，用塑料薄膜严密覆盖。播种前一周打开薄膜通风。

（3）辛硫磷：能有效消灭地下害虫。可用辛硫磷乳油拌种，药种比例为 1:300。也可用50% 辛硫磷颗粒剂制成药土预防地下害虫，用量为 30~40kg/hm²。还可制成药饵诱杀地下害虫。

1.2.4 施基肥

（1）基肥的种类

① 有机肥：苗圃中常用的有机肥主要有厩肥、堆肥、绿肥、人粪尿、饼肥等。有机肥含有多种营养元素，肥效长，能改善土壤的理化状况。

② 无机肥：又称矿质肥料，包括氮、磷、钾三大类和多种微量元素。无机肥容易被苗木吸收利用，肥效快，但肥分单一，连年单纯施用会使土壤物理性能变坏。

③ 菌肥：从土壤中分离出来，对植物生长有益的微生物制成的肥料。菌肥中的微生物在土壤等环境条件适宜时会大量繁殖，在植物根系上和周围大量生长，与植物形成共生或伴生关系，帮助植物吸收水分和养分，阻挡有害微生物对根系的侵袭，从而促进植物的健康生长。

（2）基肥的施用方法

施用有机肥有撒施、局部施和分层施三种。常采用全面撒施，即将肥料在第一次耕地前均匀地撒在地面上，然后翻入耕作层。在肥料不足或条播、点播、移植育苗时，也可以采用沟施或穴施，将肥料与土壤拌匀后再播种或栽植。还可以在整苗床时将腐熟的肥料撒在床面，浅耕翻入土中。

基肥的施用量一般为每公顷施堆肥、厩肥 37.5 ~ 60.0t，或施腐熟人粪尿 15.0 ~ 21.5t，或施火烧土 22.5 ~ 37.5t，或施饼肥 1.5 ~ 2.3t。在土壤缺磷地区，要增施磷肥 150 ~ 300 千克；南方土壤呈酸性，可适当增施石灰。所施用的有机肥必须要充分腐熟，以免发热灼伤苗木或带来杂草种子和病虫害。

1.2.5 接种工作

接种的目的是利用有益菌的作用促进苗木的生长，特别是对于一些在无菌根菌等存在的情况下生长较差的树种尤为重要。

菌根菌的接种，除少数几种菌根菌人工分离培育成菌根菌肥外，大多数树种主要靠客土的办法进行接种。客土接种的方法是从与所培育苗木相同树种的林分或老苗圃内挖取表层湿润的菌根土，将其直接施入或与适量的有机肥和磷肥混拌后撒于苗床后浅耕入土，或撒于播种沟内，并立即盖土，防止日晒或风干。接种后要保持土壤疏松湿润。

根瘤菌的接种方法与菌根菌相同。其他菌肥按产品说明书使用。

2. 实生育苗技术

播种育苗是指将种子播在苗床上培育苗木的育苗方法。用播种繁殖所得到的苗木称为播种苗或实生苗。播种苗根系发达、对不良生长环境的抗性较强，如抗风、抗旱、抗寒等；苗木阶段发育年龄小、可塑性强、后期生长快、寿命长、生长稳定，也有利于引种驯化和定向培育新的品种。

林木种子来源广，便于大量繁殖，育苗技术易于掌握，可以在较短时间内培育出大量的苗木或嫁接繁殖用的砧木，因而播种育苗在苗木的繁殖中占有重要的地位。

2.1 播种前的种子处理

播种用的种子必须是经检验合格的种子，否则不得用于播种。为了使种子发芽迅速整齐，并促进苗木的生长、提高苗木产量和质量，在播种之前要进行选种、消毒和催芽等一系列处理。

2.1.1 种子精选

种子经过贮藏，可能会发生虫蛀和腐烂的现象。为了获得纯度高、品质好的种子，确定合理的播种量，并保证幼苗出土整齐和苗木良好生长，在播种前要对种子进行精选。精选的方法有风选、水选、筛选、粒选等，可根据种子的特性和夹杂物特性而定。种子精选的方法与净种方法相同。

2.1.2 种子消毒

为消灭种子表面所带病菌、减少苗木病害，在催芽、播种之前要对种子进行消毒灭菌。

（1）福尔马林溶液消毒

在播种前 1~2d，把种子放入 0.15% 的福尔马林溶液中，浸泡 15~30min，取出后密封 2h，然后将种子摊开阴干，即可播种或催芽。

（2）硫酸铜溶液消毒

以 0.3%~1.0% 硫酸铜溶液浸种 4~6h，取出阴干备用。

（3）高锰酸钾溶液消毒

以 0.5% 溶液浸种 2h，或用 3% 的溶液浸种 30min，取出后密封 0.5h，再用清水冲洗数次，阴干后备用。

（4）敌克松粉剂拌种

用药量为种子重量的 0.2%~0.5%，先用 10~15 倍的细土配成药土，再拌种消毒。此法防治苗木猝倒病效果较好。

（5）石灰水浸种

用 1.0%~2.0% 的石灰水浸种 24h，有较好的灭菌效果。

2.1.3 种子催芽

（1）种子的休眠

种子休眠是指有生活力的种子由于某些内在因素或外界环境条件的影响，一时不能发芽或发芽困难的自然现象。种子休眠具有一定的生物学意义，它是植物在长期的系统发育过程中自然选择的结果，有利于物种的保存和繁衍。同时，种子休眠在生产上也有一定意义，有利于种子的调拨、运输及贮藏。当然，种子休眠同样也给育苗带来了诸多不便，未解除休眠的种子播种后难以出苗，发芽期长，生长不整齐，影响苗木的质量。生产上必须要采用一定的技术措施对种子进行处理，保证种子正常发芽。

（2）种子的催芽

通过人为的措施，打破种子的休眠，促进种子发芽的措施叫作种子催芽。种子催芽的方法很多，生产上常用的有水浸催芽、层积催芽、变温层积催芽、药剂催芽等，可根据种子特性和经济效果来选择适宜的方法。

① 水浸催芽

水浸催芽是最简单的一种催芽方法。适用于被迫休眠的种子，如马尾松、侧柏、杉木等。水浸催芽的作用在于软化种皮，促使种子吸水膨胀，以保证种胚生长发育的需要。同时在浸种、洗种时，还可排除一些抑制性物质，有利于打破种子休眠。

水浸催芽的做法是在播种前把种子浸泡在一定温度的水中，经过一定的时间后捞出。种水体积比一般为 1：3，浸种过程中每天换 1 ~ 2 次水。浸种的水温和时间因树种特性而异。

表 3 - 1 　　　　　　　　　　常见树种浸种水(始)温和时间

树种	水温(℃)	浸种时间(昼夜)
杨、柳、榆、梓、泡桐	冷水	0.5
悬铃木、桑、臭椿	30 左右	1
樟、楠、檫、油松、落叶松	35 左右	1
杉木、侧柏、马尾松、文冠果、柳杉、柏木	40 ~ 45	1 - 2
槐树、苦楝、君迁子	60 ~ 70	1 - 3
刺槐、合欢、紫穗槐、相思	80 ~ 90	1

浸种水温对催芽效果有着明显影响，一般为了使种子尽快吸水，常用热水浸种。可根据种粒大小、种皮厚薄及化学成分而定。凡种皮坚硬、含有硬粒的树种，可用 70℃ 以上的高温浸种，如刺槐、皂荚、合欢、相思树、核桃等；一般种皮较厚的种子，如枫杨、苦楝、国槐等树种，可用 60℃ 左右热水浸种；凡种皮薄，种子本身含水量又较低的树种，如泡桐、悬铃木、杨、柳、桑等树种，可用冷水或 30℃ 左右的水浸种。

浸种的时间长短视种子特性而定。种皮较薄，可缩短为数小时，如杨、柳为 12h；种皮坚硬的，如核桃可延长到 5 ~ 7d。对于大粒种子，可将种粒切开，观察横断面的吸水程度，以掌握浸种时间，一般有 3/5 部分吸收水分即可。

水浸处理后，如有必要，可将种子放入筛子中或放在湿麻袋上，盖上湿布或草帘，放在温暖处继续催芽，每天用温水掏洗种子 1 ~ 2 次，并控制环境温度在 25℃ 左右，当种子有 30% 裂嘴露白时播种。

② 层积催芽

层积催芽是把种子和湿润物混合或分层放置于一定的低温、通气条件下，促进其发芽的方法。此法适用于长期休眠的种子。

层积催芽要求一定的环境条件，其中低温、湿润和通气条件最重要。因树种特性不同，对温度的要求也不同，多种树种为 0 ~ 5℃，极少数树种为 6 ~ 10℃。同时，还要求用湿润物和种子混合起来(或分层放置)，常用的湿润物为湿沙、泥炭等，它们的含水量一般为饱和含水量的 60%，即手握湿沙成团，但不滴水，触之能散为宜。层积催芽还必须有通气设备，在种子数量少时可用秸秆束通气、种子数量多时可设置专用的通气孔。

层积催芽的天数是影响催芽效果的重要因素，时间太长太短对育苗生产均有不利影响。不同树种，要求层积催芽的日数不同，如桧柏 200d、女贞 60d，应根据不同树种来确定适宜的天数(见表 3 - 2)。

表 3-2   部分树种种子低温层积所需时间

树种	所需时间（月）	树种	所需时间（月）
女贞、榉树	2	核桃楸	5
白蜡、复叶槭、山桃、山杏	2.5～3	椴树	5（变温）
山丁子、海棠、花椒、银杏	2～3	水曲柳	6（变温）
榛子、黄栌	4	红松	6～7（变温）

层积催芽注意事项：第一，要定期检查种沙混合物的温度和湿度，如果发现问题要及时设法调节。第二，要控制催芽的程度，以种子裂嘴达 30% 左右即可播种。到春季要经常观察种子催芽的程度，如果已达到所要求的程度应立即播种或使种子处于低温条件下，以控制胚根的生长。如果种子发芽不够，在播种前 1～3 周把种子取出用较高的温度（18℃～25℃）催芽；第三，催过芽的种子要播在湿润的圃地上，以防回芽。

③ 变温层积催芽

即采用高温和低温交替进行催芽的方法。高温和低温是相对的概念，高温期温度一般控制在 20℃～25℃，低温期温度一般控制在 0℃～5℃。催芽前应对种子进行消毒和浸种，在变温层积催芽过程中要加强水分的管理。

变温之所以能加快种子发芽速度，是因为变温比恒温更适于林木种子所长期经历的自然条件，可使种皮伸缩受伤，刺激酶的活动，使呼吸作用加强，因而对种子发芽起到了促进作用。所以，生产上由于种种原因（如种子来的晚）来不及普通层积等，往往会采用变温层积催芽来处理种子。如黄栌种子可在 30℃ 温水中浸种 24h，混沙后在 20-25℃ 的条件下放置 4 昼夜，再把种沙混合物移到寒冷地方，直到混合物开始结冰时，再把它移到温暖的屋子里，4d 后再移到寒冷的地方，这样反复 5 次，只需 25d 即可完成催芽过程。而用普通层积法催芽，则需要 120d。

④ 药剂催芽

用化学药剂、微量元素、植物激素等溶液浸种，可以加强种子内部的生理过程，解除种子休眠，促进种子提早萌发，使种子发芽整齐，幼苗生长健壮。常用的化学药剂主要是酸类、盐类和碱类，如浓硫酸、稀盐酸、小苏打、溴化钾、硫酸钠、硫酸铜等，其中以浓硫酸和小苏打最为常用。

2.2 播种

2.2.1 播种时期

适时播种是培育壮苗的重要措施之一，播种时期通常按季节分为春播、夏播、秋播和冬播。

（1）冬、春播：冬末春初是育苗最主要的播种季节，在我国大多数地区、大多数树种都可以春季播种。冬春土壤湿润，气温适宜，有利于种子发芽，种子出苗后，也可以避免低温和霜冻危害。

（2）夏、秋播：在当年夏天或秋初，种子成熟后立即采下播种。夏播可以省去种子贮藏工序，提高出苗率，但生长期短，当年苗木小。该法适用于夏季成熟而又不易贮藏的树种，如杨、柳、榆、桑、桦木，也适宜培育半年生苗。

2.2.2 苗木密度

苗木密度是指单位面积或单位长度上苗木的数量，它对苗木产量和质量有决定性的影响。苗木培育的目标是在单位面积上获得最大限度的合格苗产量。在确定某一树种苗木的密度时，可以根据以下原则综合考虑。

（1）树种特性：如速生、喜光、分枝力强的应稀，反之应密。

（2）苗木种类：播种苗应密，营养繁殖苗和移植苗应稀；针叶树种应密，阔叶树种应稀。

（3）苗木培育年龄：培育小苗密，培育大苗稀。

（4）经营条件和自然条件：土壤条件好，气候条件适宜，或者经营水平高应密。反之，则应稀一些。

（5）如果用机械化操作，还要考虑育苗所使用的机器、机具的规格来确定行距。

2.2.3 播种方法

常用的播种方法有条播、撒播和点播三种，应根据树种特性、育苗技术及自然条件等因素选用不同的播种方法。

（1）条播：是按一定的行距在播种地上开沟，把种子均匀播在沟内的播种方法。这种方法在生产上的应用最为广泛，适于各种中小粒种子。条播育苗苗木通风透光条件较好，且便于抚育管理和机械化作业，同时可节省种子，起苗也方便。

（2）撒播：将种子直接均匀地撒播在苗床上或者垄上，称为撒播，适用于极小粒种子。这种方法抚育管理不太方便，用工较多，苗木通风透光不良，苗木生长不好。撒播在生产上多用于集中培育小苗，苗木发芽后长到3~5厘米即进行移植。

（3）点播：在苗床上或大田上，按一定的株行距挖小穴播种，或按行距开沟后，再按株距将种子播入沟内的播种方法。其主要适用于大粒种子。点播具有条播的全部优点，但苗木产量较低。

2.2.4 播种技术

播种工序包括开沟、播种、覆土、覆盖和淋水等5个环节，这几个环节工作的质量和配合的好坏，直接影响到种子的发芽与幼苗的生长。

（1）开沟：是条播和开沟点播播种的第一道工序。育苗工作人员按设计的行距和播幅在苗床上横向或纵向开沟，沟深根据土壤性质和所播种子的大小决定。开沟要求沟底平，开沟宽窄深浅一致，以便做到播种均匀及覆土厚薄均匀。

（2）播种：人工播种是指徒手将种子播在育苗地上。为了做到均匀播种和计划用种，播种前首先要根据事先计算的播种量，按苗床数量等量分开，把种子的数量具体落实到每一个苗床上。为避免出现先密后稀的现象，可分数次播种。

（3）覆土：覆土的目的是为了保持种子处于水分和温度适宜的环境，并防止风吹种子和鸟兽的危害，以促进种子发芽和幼芽出土。在播种后要立即覆土。覆土厚度一般为种子直径的2～3倍为宜。在确定具体厚度时，应考虑树种子特性、土壤条件、播种期、管理技术等因素。

（4）覆盖：就是用草类或其他物料遮盖播种地。其目的是防止地表板结，保蓄土壤中的水分，防止杂草生长，避免烈日、大风吹蚀和暴雨打击，调节地表温度，防止冻害和鸟害等。所以，覆盖可以提高场圃发芽率。覆盖材料应就地取材，可用稻草、麦秆、草帘、松针、松柏、锯屑、谷壳等。覆盖厚度一般以不见土面为度，如用稻草覆盖，其厚度为2～3厘米，每亩需稻草200～250千克。

（5）淋水：播种后淋透水促进种子发芽。淋水要小心，不能将种子冲溅出来。

2.3 播种后的管理

将种子播到地里仅仅是育苗工作的开始，大量的工作是播种后的管理。俗话说："三分种，七分管"，在整个育苗过程中，应根据苗木的生长情况开展一系列抚育管理工作。

2.3.1 揭盖

当幼苗大量出土时，应及时揭除覆盖物，以防止幼苗黄化弯曲，形成高脚苗。揭盖最好是在傍晚或阴天进行，以免环境突变造成对幼芽的不良影响。用谷壳、松针、锯屑等细碎材料做覆盖物的，对幼苗出土和生长影响不大，可不必去除。

2.3.2 遮荫

苗木在幼苗期组织幼嫩，对炎热干旱等不良环境条件的抵抗能力较弱，在炎热的夏季，为避免烈日灼伤幼苗，必要时应采用遮阴的措施，降低育苗地的地表温度，使苗木免遭日灼。一般采用苇帘、竹帘、毛草、遮阳网等做材料，搭设遮阴棚进行遮阴。

2.3.3 间苗、补苗和幼苗移植

为了调节密度，使每株苗木都有适当的营养面积，保证苗木的产量和质量，还必须及时间苗和补苗。

间苗：间苗又叫疏苗，即将部分苗木除掉，目的是使苗木密度调整到适宜的密度。间苗应贯彻"早间苗，迟定苗"的原则。早间苗保证苗木一直有充足的营养空间，迟定苗则能确保不会因不良因素影响而造成苗木数量不足的后果。间苗的原则是留优去劣、留疏去密。间苗对象为受病虫危害的、机械损伤的、生长不良的、过分密集的苗木。

补苗：补苗是从密度过大的地方取苗种植到过疏的地方。补苗可结合间苗进行，一边间苗，一边补苗。补植最好在阴雨天或傍晚进行较好，补植后及时灌水，必要时可进行遮阴。

幼苗移植:移植通常是将培养到约5厘米高的幼苗全部移植到其他圃地上培养。适用于生长速度快的树种、珍贵树种和特小粒种子的育苗。生产中也有结合间苗,将间出的健壮幼苗移植。

2.3.4 中耕除草

除草与松土是苗木抚育最基本的措施之一,在生产中往往结合起来进行。播种后如不覆盖,在种子尚未出土前,圃地常滋生出各种杂草,应及时将其除掉。在苗木生长过程中往往杂草伴生,不仅和苗木竞争养分、水分和光照,同时也助长了病虫害的传播。因此,在苗木的整个生长期间必须要及时清除杂草。

中耕的目的就在于破除板结的表土层,改善通气条件,切断毛细管,减少土壤水分的蒸发,因此中耕又叫"无水的灌溉"。中耕与除草一般结合起来进行。在育苗过程中,除草是一项繁杂的工作,劳动强度较大,为了提高劳动效率和除草效果,化学除草剂得到了广泛应用。

2.3.5 灌水与排水

在种子发芽和幼苗生长发育的过程中,要适时适量、合理灌溉。实行合理灌溉是指选定最佳灌溉期和灌溉量,做到以最少的灌水量、较低的成本达到最优的效果。适合苗木生长的土壤湿度一般为15%～20%。确定每次灌水量的原则是保持苗木根系的分布层处于湿润状态,即灌水的深度应达到主要根系分布层。灌溉的方法有侧方灌溉、畦灌、喷灌、滴灌等。

排水在育苗过程中与灌溉同等重要,土壤积水过多,会使根系形成无氧呼吸,造成根系的腐烂。排水主要是指排除因大雨或暴雨造成的苗圃区积水。建立苗圃时,要设置完整的排灌系统,这是做好苗圃排水工作的关键。在每个作业区都应有排水沟,沟沟相连,直通总沟,将积水彻底排除。特别是在我国南方降雨量大,要注意排水。

2.3.6 追肥

追肥是在苗木生长发育期间,施用一些速效性肥料,以满足苗木对养分的大量需要的措施。施肥的方法有土壤追肥和根外追肥两种。

(1)土壤追肥:土壤追肥的方法有浇施、沟施和撒施三种。浇施是将肥料溶于水后浇入苗床,或随水灌入苗床。沟施是在播种行间开沟施肥后封沟;撒施是把肥料均匀撒于苗床,降雨或灌溉后随水渗入苗床。追肥后要浇水冲洗粘在苗木上的肥料,或用棍棒拨动苗木,使粘在苗木上的肥料落到苗床,避免产生"烧苗"的现象。

(2)根外追肥:又称叶面施肥。是在苗木生长期间,将速效性肥料的溶液喷在苗木茎叶上的施肥方法。它可避免土壤对肥料的固定和流失,用量少而效率高、肥效快,但使用不当会灼伤幼苗。适宜根外追肥的肥料是速效肥,迟效性肥料没有效果。由于每次施用量少,它只能作为补给营养的辅助措施,不能完全代替土壤施肥。

2.3.7 截根

截根是采取人为的措施截断苗木的主根。截根适用于主根发达,而侧根、须根较少的树种,如核桃、栎类、落叶松、油松等。通过截根可以控制主根生长、抑制主根生长优势,促进侧根和须根生长，从而增加根系吸收面积。同时，可抑制苗木地上部分生长、促进苗木木质化。截根还可使主根变短，便于起苗作业。因此，截根能提高苗木质量和苗木移植成活率。

2.3.8 病虫害防治

苗木在生长的过程中，常常会受到各种病虫的危害。对苗木的病虫害，要贯彻"防重于治、综合防治"的方针，对种子、芽条、种根、插穗、砧木等繁殖材料应进行严格检疫，防止病虫蔓延成灾。特别要强调的是，在幼苗期和速生期初期，对病害较多的植物，不论有无病害发生，都要定期（一般10d左右）喷洒杀菌剂或保护剂。

2.3.9 苗木防寒

苗木防寒应从两方面入手，一是提高苗木的抗寒能力，二是采取保护性防寒措施。

（1）提高苗木抗寒能力：可通过处理种子，对种子进行抗寒锻炼；适时早播，延长生长期，生长后期多施P、K肥，及时停止施N肥和灌溉，使幼苗在寒冬到来之前充分木质化，增强抗寒能力。对某些停止生长较晚的树种，在9月可剪去嫩梢或截根，以促进木质化。

（2）保护性防寒措施：苗木覆盖、设暖棚、设防风障和其他防寒方法，根据不同的苗木和各地的实际情况亦可采用熏烟、涂白等防寒方法。

3. 营养繁殖育苗技术

营养繁殖又称无性繁殖，是在适宜的条件下，将植物体的营养器官（如枝、根、茎、叶、芽等）培育成一个完整新植株的繁殖方法。用这种方法培育出来的苗木称为营养繁殖苗或无性繁殖苗。

营养繁殖可保持母本的优良性状，成苗迅速，开始开花结实时间比实生苗早，不但可提高苗木的繁殖系数，而且可以解决不结实或结实稀少树木的繁殖问题。营养繁殖还可用于繁殖和制作特殊造型的树木，如树月季、龙爪槐、梅桩、一树多种等。但营养繁殖苗没有明显的主根，根系不如实生苗发达（嫁接苗除外），抗性较差，寿命较短，多代重复营养繁殖可能会引起退化，致使苗木生长衰弱。营养繁殖常用的方法有扦插和嫁接。

3.1 扦插育苗

扦插繁殖是切取植物根、茎、叶等营养器官的一部分，在一定条件下插入基质中，利用植物的再生能力使之生根、抽枝长成一个完整的新植株的方法。用扦插法培育的苗木称为扦插苗。

扦插繁殖可以经济利用繁殖材料，能进行大量育苗和多季育苗，既经济又简单；成苗迅速，苗木侧根较多；不存在嫁接繁殖中砧木影响接穗的问题；开始结实时间比实生苗早等优点，在林业生产中得了到广泛应用。但是，扦插繁殖在管理上比较精细，因扦插苗脱离母体必须要给予最适合的温度、湿度等环境条件才能成活；扦插苗比实生苗根系浅，抗风、抗旱、抗寒能力相对较弱。

扦插繁殖的方法有:硬枝扦插、嫩枝扦插、根插、叶插、芽插等,在育苗生产实践中则以枝插应用最广,根插次之,叶插、芽插应用较少,仅在花卉繁殖中应用。

3.1.1 扦插成活的原理

插穗成活的关键在于不定根的形成。不定根主要是由根的原始体分化而来的,就不定根发生的部位而论,有三种生根类型:一种是从插穗周身皮部长出来的,另一种是从基部愈合组织以及愈合组织邻近的茎节上长出来的,前者称皮部生根,后者称愈合组织生根。第三种是插穗皮部和愈合组织都能生根,称为综合生根类型。这三种生根类型其生根的准备和机理是不相同的,从而在生根难易上也不相同。

(1)皮部生根型

在正常情况下,在枝条的形成层部位能够形成许多特殊薄壁细胞,称为根原始体或根原基。这些根原始体就是产生大量不定的物质基础。根原始体多位于髓射线的最宽处与形成层的交叉点上,是由形成层进行细胞分裂而成的,细胞向外分化成钝圆锥形的根原始体,侵入韧皮部,通向皮孔。在根原始体向外发育过程中,与其相连的髓射线也逐渐增粗,穿过木质部通向髓部,从髓细胞中取得营养物质。

有些树种的根原始体在采穗前就已经形成,插穗扦插后在适宜的温度和湿度条件下,根原始体能在较短的时间内不断生长,而由插穗周身的皮孔中长出不定根,如杨、柳等经过3~5d即能从皮孔中生出不定根。因伸长这种皮部生根较迅速,所以凡是扦插生根较快、容易成活的树种都属于皮部生根或以皮部生根为主的树种,例如杨树、柳树、水杉、紫穗槐、沙棘和怪柳等。

(2)愈合组织生根型

任何植物的局部受伤后,因受愈伤激素的刺激,引起形成层和形成层附近的薄壁细胞的分裂,在下切口的表面逐渐形成一种半透明不规则瘤状突起物,具有明显细胞核的薄壁细胞群,即为初生愈合组织。它保护伤口免受外界不良环境条件的影响,吸收水分和养分,同时还有着继续分生的能力。初生愈合组织继续分生,逐渐形成与插穗相应组织发生联系的木质部、韧皮部和形成层等组织,最后愈合组织将切口包合。一般扦插成活较难、生根较慢的树种,其生根部位大多数是愈合组织生根,如柳衫、雪松、金钱松、紫杉和悬铃木等。

(3)综合生根类型

在实际中,很多树种生根是处于中间状态的,即兼有皮部和愈合组织生根的两种类型,如杉木、花柏等。其生根状况是皮部生根在先、愈合组织生根在后,或者愈合组织生根在先、皮部生根在后。先从皮部生根的树种成活率高,如毛白杨、小叶杨;先从愈合组织生根的树种成活率低,如花柏等针叶树种和有些阔叶树种。

3.1.2 影响扦插成活的因素

(一)影响插穗生根的内因

1. 树种的遗传性

不同的树种，由于遗传特性不同，插穗生根的能力也不一样，根据枝条生根的难易程度可分为以下四类：

（1）极易生根类 扦插生根容易，生根快。如连翘、木槿、常春藤、扶芳藤、金银花、金银木、红叶小檗、卫矛、黄杨、紫薇、瑞香、紫穗槐、葡萄、石榴、无花果、迎春等。

（2）易生根类 插穗生根较容易，生根较快。如泡桐、悬铃木、刺楸、花柏、铅笔柏、侧柏、石楠、罗汉柏、罗汉松、女贞、石楠、山茶、杜鹃、夹竹桃、池杉、柳杉、水杉等。

（3）较难生根类 插穗能生根，但生根较慢，对扦插技术和管理水平要求较高。如大叶桉、槭树、樟树、榉树、梧桐、苦楝、臭椿、日本五针松、香木兰、枣树、桂花等。

（4）极难生根类 插穗不能生根或生根困难。如松类、冷杉、核桃、栎类、板栗、桃树、柿、朴树、腊梅、鹅掌楸、广玉兰、桦木、榆树、木兰、棕榈、杨梅等。

2. 树龄、枝龄、枝条部位

插穗生根能力随母树年龄的增加而降低，母树年龄越大，生根能力越低，因为随着母树年龄的增长，阶段发育较老，含抑制生根物质多，细胞生活力衰退，分生能力弱。因此在选条时，应采自年幼的母树，母树年龄越小，其生活力越强，所采下的枝条扦插成活率越高。

不同母枝的着生位置不同，其营养状况、阶段年龄也有所不同，从而对扦插生根有一定的影响。一般枝龄小扦插容易成活，通常一年生枝条扦插比二三年生枝条容易成活；一般着生在主干基部的萌条比树干上的枝条发育阶段较幼，其生根力高；树冠阳面枝条比树冠阴面枝条生根力高；树冠内部的徒长枝比一般枝条生根能力高；同一枝条中下部粗壮，木质化程度高，生根能力比上部强。

3. 枝条营养物质的含量

在正常情况下，一般树种主轴上的枝条发育最好，形成层充实，分生能力强，用它做插条比用侧枝，尤其是多次分枝的侧枝生根力强。在生产实践中，有些树种带一部分二年生枝，即带踵扦插，常会提高成活率。

4. 插穗的叶、芽

嫩枝、常绿树和针叶树扦插，插穗上常保留叶片。叶片能进行光合作用，制造生根所需要的养分，有利于生根。插穗上芽的附近根原基分布较多，营养物质也丰富，而且芽在萌发时内源激素也会增多，这些都有利于插穗的愈合生根。所以，插穗下切口在靠近芽下剪切，插穗容易成活。

（二）影响插穗生根的外因

1. 温度

温度对插条生根的影响很大，温度适宜则生根快。适宜的生根温度因树种而异，一般树种在15℃～25℃比较适宜，或高出平均气温3℃～5℃。常绿阔叶树要求温度高、变幅小，以23℃～25℃为适宜；嫩枝扦插一般为25℃～30℃有利于生根成活。

2. 湿度

包括土壤湿度和空气湿度。扦插时土壤含水量最好稳定在田间最大持水量50%～60%，一般空气湿度保持在80%～90%为宜。近年来采用全日照电子叶自动控制间歇喷雾，可使空气湿度基本饱和，叶面蒸腾降至最低，同时叶面温度下降，又不至使土壤湿度过高，且在全日照下叶片形成的生长素和营养物质运至基部，促使插条发根，尤其适用于生长期的带叶嫩枝扦插和难生根树种的扦插。

当插条开始逐渐生根时，应及时调整湿度，逐渐降低空气湿度和土壤湿度，有利于根系生长，并可达到炼苗的目的。

3. 光照

在插穗生根前期应适当遮阴降温，减少水分的散失，并通过喷水来降温增湿。但插穗开始长根后，应使插穗逐渐延长见光时间，加速根系的生长。

4. 基质

基质中的水分是决定插穗生根成活的重要因子，而基质中的空气是插穗生根时进行呼吸作用的必需条件。不论使用什么基质，只要具有保温保湿、疏松透气、不含病虫源等特点，就都有利于生根。

3.1.3 促进插穗生根的技术措施

（一）机械处理

在生长季节，将木本植物的枝条刻伤，环状剥皮或绞缢，阻止枝条上部的营养物质向下运输，使它滞留在枝条中，从这种枝条上剪取的插穗容易生根。

（二）物理处理

1. 黄化处理

亦称软化处理。在新梢生长期用黑色纸、布或塑料薄膜等包裹基部遮光，在黑暗条件下生长，使叶绿素消失，组织黄化、软化，皮层增厚，薄壁细胞增多，生长素有所积累，有利于根原始体的分化和生根。处理时间必须在扦插前3周进行。这种方法适用于含有较多色素、油脂、樟脑、松脂的树种。

2. 浸水、加温处理

（1）浸水处理：扦插前，先把插穗浸入水中3～4d，每天早晚换水，保证水的清洁。使插穗吸足水分，有利于生根。

（2）增加插床土温：一般地温高于气温3℃～5℃时，有利于插穗生根。具体做法是在插床底部填上一层酿热物，如马粪、厩肥、饼肥等，再在其上铺上一层插壤，然后扦插。这种土温床由于酿热物在腐烂过程中发出热能提高土温，从而促进插穗生根。现在大型温室采用电热丝来增加插壤温度或用热水管来提高土温，也有用塑料薄膜覆盖，吸收太阳能增加土温，促进生根。

（3）温水浸泡处理：用温水浸泡插穗，可除去部分抑制生根物质，促进生根。如用30℃

~35℃温水浸泡松、云杉插穗 2 小时可除去部分松脂,有利于切口愈合生根。

(三)生根剂及植物激素处理

对不易发根的树种,采用生根素、植物激素处理能促进发根。生根素、植物激素的主要作用是加强插穗的呼吸作用,提高酶的活性,促进分生细胞分裂。

溶液浸泡是将先配好的药液装在干净的容器内,然后把成捆的插穗的下切口浸泡在溶液中至规定的时间,浸泡深度为 3 厘米左右。粉剂处理是将生根剂用酒精溶解后,用滑石粉与之混合配成 500 ~ 2000 不等的糊状物,然后烘干或凉干再研成粉末供使用。使用时先将插穗基部用水浸湿 2 ~ 3 厘米,然后蘸粉进行扦插。

(四)化学药剂处理

用化学药剂处理插穗,能增强新陈代谢作用,从而促进插穗生根。常用的化学药剂有酒精、蔗糖、高锰酸钾、二氧化锰、醋酸、硫酸镁、磷酸等。如用 1% ~ 3% 的酒精或 1% 的酒精和 1% 的乙醚混合液浸泡 6 小时,能有效地除去杜鹃类插穗中的抑制物质,显著提高生根率;用 0.05% ~ 0.1% 的高锰酸钾溶液浸泡硬枝 12 小时,不但能促进插穗生根,还能抑制细菌的发育,起到消毒的作用;水杉、龙柏、雪松等插穗用 5% ~ 10% 的蔗糖溶液浸泡 12 ~ 24 小时,可直接补充插穗的营养,有效地促进生根。

3.1.4 扦插育苗的方法

(一)硬枝扦插

硬枝扦插是指利用充分木质化的枝条进行扦插。

1. 扦插时期

春、秋两季均可进行扦插。春季扦插宜早,在萌芽前进行;秋季扦插在落叶后。

2. 插穗的采集与贮藏

应选生长迅速、干形通直圆满、没有病虫害、树势强、品种优良的植株作采穗母树。花灌木则要求色彩丰富、香味浓郁、观赏期长的植株作采穗母树。

采穗时间应在秋季落叶后至萌芽前进行,采集树冠外围中下部充分木质化 1 ~ 2 年生芽体饱满的枝条作插穗,最好采集主干或根茎部的萌条作插穗,或从发育阶段较为年轻的植株上采集。

3. 插穗的剪制

插穗一般剪成 10 ~ 20 厘米长,插穗上剪口应位于芽顶 1 厘米左右,以保护顶芽不致失水干枯,下剪口应位于芽的基部或萌芽环节处。易生根的树种插穗上端剪成平口,伤口面积小,减少水分蒸发。下端也剪成平口,可减少切口腐烂,且愈合速度快,生根均匀。难生根的树种下端可剪成小马耳形,它与基质接触面积大,吸水多,可促进生根,但易形成偏根。

4. 扦插

按一定的株行距,将插穗斜插或直插于基质中(不易生根的树种用生根素、植物激素等处理后再插)。一般株距为 10 ~ 20 厘米,行距为 20 ~ 40 厘米。短插穗在土壤疏松的情况下应直插，长插穗在土壤黏重的情况下应斜插，斜插倾斜角度在45°～60°。插条深入基质1/2～2/3，并使剪口芽的方向一致。为避免插穗基部皮层破坏，可先用与插条粗细相仿的木棍打孔后再插入基质中，然后压实，使土壤与插穗紧密结合。

5.扦插后的管理

扦插后应立即喷足第一次水，以后应经常保持土壤和空气的湿度。当插穗开始生根时，要及时松土。每隔1～2周用0.1%～0.3%尿素随浇水施入扦插床。当新苗长到15～30厘米长时，应选留一个健壮直立的苗，其余的除去。

（二）嫩枝扦插

又称软枝扦插，是在生长期中应用半木质化枝条进行扦插繁殖的方法。由于嫩枝内含有丰富的生长素和可溶性糖类，酶的活性强，有利插穗愈合生根，适用于硬枝扦插不易成活的树种，如雪松、龙柏、桑树、枣树等。

1.采条

一般在夏、秋早晚或阴天采条，选自采穗圃母树或其他幼年母树上生长健壮半木质化的枝条。采后应注意保鲜，做到随采、随截、随扦插。

2.制穗

嫩枝的插穗一般比硬枝的插穗短，多为2～4节，长10～15厘米，上端剪口在芽上1～1.5厘米处，下端剪口在芽下0.5厘米处，剪成马耳形，以利生根。插穗留叶对生根有明显的效果，小叶树种可留2～4片叶，阔叶树留一片叶的1/2～2/3。

3.扦插

多用生根素、植物激素处理后扦插。扦插时间最好在早晨和傍晚。通常采用低床。扦插密度以插后叶片互不拥挤重叠为原则，株行距一般为10厘米左右，扦插深度为插穗长度的1/3～1/2。

对生根困难的树种，不仅要用生根素处理，还应在温室和塑料棚内扦插，并且要采取遮阴的措施。用蛭石、炉渣、河沙、泥炭等作插壤，且要严格消毒。有条件的可安装全光自控喷雾设备。

4.扦插后的管理

扦插后每日喷水2～3次，如气温高每日3～4次，但每次水量要少，以达到降低气温、增加空气湿度，而又不使插壤过分潮湿的目的。扦插初期空气湿度应保持在95%以上，下切口愈合组织生出以后可降低至80%～90%。棚内温度控制在18℃～28℃为宜，超过30℃时应立即采取通风、喷水、遮荫等措施降温。插穗生根以后，可延长通风时间、加大透光强度、减少喷水量，使其逐渐接近自然环境。插后每隔1～2周喷洒0.1%～0.3%氮磷钾复合肥。

（三）根插

一些植物枝插不易生根，而利用其根能产生不定芽和不定根使之成为新个体的繁殖方法。如核桃、山核桃、柿、枣、漆、桑、香椿、丁香、栾树、楸树等树种都有可以用根进行扦插。

种根应在树木休眠时从青、壮年母树周围挖取，也可利用苗木出圃时修剪下来的和残留在圃地中的根段。根穗粗度为 0.5~3 厘米，长度为 10~15 厘米。因根穗柔软，不易插入土中，通常先在床内开沟，将根穗倾斜或垂直埋入土中，上端与地面平，或露出 1~2 厘米。为了防止倒插，扦插时注意粗头朝上。为了区别根穗的上下切口，在制穗时可将上端剪成平口，下端剪成斜口。插后填压，随即灌水并经常保持土壤适当的湿度。一般经 15~20d 即可发芽出土。有些树种如泡桐根系多汁，插后容易腐烂，应在插前放置阴凉通风处存放 1~2d，待根穗稍微失水萎蔫后再插。

3.2 嫁接育苗

嫁接是切取具有优良性状植株上的营养器官枝或芽，接在另一有根植株的茎、枝、根上，使之愈合生长在一起，形成一个独立的新植株的方法。供嫁接用的枝、芽叫接穗，接受接穗的有根植株叫砧木。以枝条作为接穗的称枝接，以芽作为接穗的称芽接。用嫁接方法培育出来的苗木称嫁接苗。

3.2.1 嫁接的作用和原理

（一）嫁接的作用

1. 保持母本的优良性状；

2. 提早开花结果；

3. 克服不易繁殖的缺陷；

4. 扩大繁殖系数；

5. 补救创伤、恢复树势、更换新品种。

（二）嫁接成活的原理

嫁接成活的生理基础是植物的再生能力和分化能力。嫁接后砧木和接穗结合部位的各自形成层薄壁细胞大量进行分裂，形成愈伤组织。不断增加的愈伤组织充满砧木和接穗间的空隙，并使两者的愈伤组织结合成一体。此后进一步进行组织分化，愈伤组织的中间部分成为形成层，内侧分化为木质部，外侧分化为韧皮部，形成完整的输导系统，并与砧木、接穗的形成层输导系统相接，成为一个整体，使接穗成活并与砧木形成一个独立的新植株。

3.2.2 影响嫁接成活的因素

（一）亲和力

嫁接亲和力是指砧木嫁接上接穗以后，两者在内部组织上、生理生化遗传上彼此相同或相近，从而能相互结合在一起的能力。亲和力强的嫁接后易于成活，近期和远期都能生长良好，发育正常。亲和力不强的嫁接后难以成活，或即使成活，但后期生长发育差，开花结果不正常。

亲缘关系是决定砧、穗之间亲和力大小的主要因素。两者在植物分类上的亲缘关系越近，亲和力越强。同品种或同种间嫁接的亲和力最强，这种嫁接组合叫作共砧嫁接；同属异种间嫁接，亲和力次之，一般也较亲和;科异属间的嫁接一般亲和力比较小，成活较困难。

（二）形成层与髓射线的分裂作用

嫁接后砧、穗伤口处的形成层与髓射线的薄壁细胞大量分裂，形成愈伤组织。愈伤组织的生长速度和数量直接影响接穗成活。如愈伤组织生长缓慢，接穗在砧、穗的愈伤组织未连接前就已萌发或已失水干枯，则嫁接不能成活。

（三）内含物的影响

一些植物嫁接时砧木在伤口处常有很多伤流，如核桃、柿子、板栗等伤流中含有较多的酚类物质，氧化后形成黑色的浓缩物，这些物质都会在结合面上产生隔离作用，阻碍砧、穗间的物质交流和愈合，影响到嫁接成活。所以，嫁接应在伤流较小的时期，如春季砧木萌芽前进行。

（四）砧、穗的营养积累及生活力的影响

发育健全的接穗和砧木，贮藏积累的养分多，形成层易于分化，愈伤组织容易生成，成活率就高一些。如果砧木和接穗一方组织不充实、发育不健全，则会直接影响到形成层的活动能力，难以充分供应愈伤组织细胞所需的营养物质，影响到嫁接的成活。

（五）嫁接技术水平的影响

嫁接技术水平的高低是影响嫁接成活的一个重要因素，体现在对嫁接要点的掌握和熟练程度两个方面。嫁接操作要牢记"平""齐""快""净""紧"五字要领。"平"是指砧木与接穗的切面要平整光滑，最好一刀削成，不要呈锯齿状。"齐"是指砧木与接穗的形成层必须对齐，以使愈伤组织能尽快形成，并分化成各组织系统。"快"是指操作的动作要迅速，尽量减少砧、穗切面失水。对含单宁多的植物，快可减少单宁被空气氧化的机会。"净"是指砧、穗切面保持清洁，不要被泥土污染。"紧"是指砧木与接穗的切面通过绑扎必须紧密地结合在一起。

（六）环境条件的影响

环境条件对嫁接成活的影响，主要反映在愈合组织形成与发育的速度上，凡是影响愈合组织形成的外界因素都会影响到嫁接的成活。

1. 温度

植物的愈伤组织必须在一定的温度下才能形成，一般植物愈伤组织生长的适宜温度为20℃~25℃，低于15℃或高于30℃就会影响愈伤组织的旺盛生长，而低于10℃或高于40℃时，愈伤组织基本上会停止生长，尤其是高温甚至会引起愈伤组织的死亡。

2. 湿度

湿度对愈伤组织的影响有两个方面，一是愈伤组织生长本身需要一定的湿度环境;二是接穗需要在一定的湿度条件下，才能保持生活力。空气湿度越接近饱和，对愈合越有利。愈伤组织内的薄壁细胞嫩弱，不耐干燥，湿度低于饱和点，细胞容易失水，时间一久，易引起死亡。

3.空气

空气是愈伤组织生长的一个必要因子。砧木与接穗之间接口处的薄壁细胞增殖，形成愈伤组织，需要有充足的氧气。随切口处愈伤组织的生长和代谢作用加强，呼吸作用也明显加大，如果空气供应不足，代谢作用受到抑制，愈伤组织就不能生长。

4.光照

在黑暗的条件下，能促进愈伤组织的生长，愈合效果好。在光照的条件下，愈伤组织生长少且硬、色深，造成砧、穗不易愈合。因此，嫁接后创造黑暗条件，有利于愈伤组织的生长，可促进嫁接成活。

3.2.3 嫁接技术

（一）嫁接时期

一般来讲，枝接宜在春季芽未萌动前进行，芽接则宜在夏、秋季砧木树皮易剥离时进行，而嫩枝接多在生长期进行。具体时期主要有：

1.春季嫁接

春季是枝接的适宜时期，主要在2月下旬至4月中旬，一般在早春树液开始流动时即可进行。落叶树宜用经贮藏后处于休眠状态的接穗进行嫁接，常绿树采用去年生长未萌动的一年生枝条作接穗。

2.夏季嫁接

夏季是芽接和嫩枝接的适宜期，一般是5~7月，尤其以5月中旬至6月中旬最为适宜。此时，砧、穗皮层较易剥离，愈伤组织形成和增殖快，利于愈合。常绿树山茶、杜鹃等均适宜于此时嫁接。

3.秋季嫁接

秋季也是芽接的适宜时期，从8月中旬至10月上旬。这时期新梢成熟，养分贮藏多，芽已完全形成，充实饱满，也是树液流动形成层活动的旺盛时期。因此，树皮容易剥离，最适宜芽接。

（二）嫁接方法

嫁接的方法有很多，常因植物种类、嫁接时期、气候条件、砧木大小、育苗目的不同而选择不同的方法。一般根据接穗不同分为枝接和芽接。以带有2~3个芽的枝段作接穗进行的嫁接，称枝嫁。以芽作接穗嫁接在砧木上，称芽接。枝接的方法有：劈接、切接、腹接、插皮接、靠接、桥接、芽苗砧（子苗）嫁接、根接、髓心形成层对接等。芽接的方法有："T"字形芽接、嵌芽接、块状芽接、凹形芽接等。

1.枝接

（1）劈接　是最常用的枝接方法。通常会在砧木较粗、接穗较细或砧穗等粗时使用。根接、高接换头和芽苗砧嫁接均可使用。

图 3 - 1 劈接

(1 ~ 2. 接穗削面(楔形) :3. 劈砧 :4. 插入接穗(露白) :5. 绑扎)

把采下的接穗去掉梢头和基部不饱满芽的部分，剪成 5 ~ 8 厘米长，至少有 2 ~ 3 个芽的枝段，在芽上 0.5 ~ 0.8 厘米处剪断。然后把接穗基部削成楔形，削面长 2.5 ~ 3.5 厘米，削面要平滑，外侧比内侧稍厚。

将砧木在离地面 10 厘米左右光滑处剪断，并削平剪口，用劈接刀从其横断面的中心垂直下切，深约 3 ~ 4 厘米。

用劈接刀的楔部撬开劈口，插入已削好的接穗，并使砧、穗一侧的形成层对齐，并注意接穗削面稍厚的一侧朝外。砧木较粗时，可同时插入 2 个接穗。插接穗时要露 0.2 ~ 0.3cm 的削面在砧木外，即俗称"露白"。这样接穗和砧木形成层接触面大，有利于分生组织的形成和愈合。接穗插入后用塑料条把接口绑紧。绑扎时注意不要露出嫁接部位，不要触动接穗，以免二者形成层错开，影响愈合。另外，接口可培土覆盖，或套塑料袋保湿。

(2)切接 切接也是枝接中最常用的方法之一，其特点是砧、穗均带木质部切削。通常是砧木较细时使用。

穗长 5 ~ 8 厘米，一般不超过 10 厘米，带 2 ~ 3 个芽。将接穗从下芽背面用切接刀向内切后即向下与接穗中轴平行切削到底，内切深度不超过髓心，切面长 2 ~ 3 厘米，再把该切面背面末端切削成一个呈 45°、长 0.5 厘米左右的小斜面。削面必须平滑，最好是一刀削成。

砧木宜选用直径 1 ~ 2 厘米粗的幼苗，稍粗些也可以。在距地面 10 厘米左右或适宜高度处剪砧，削平断面，选取较平滑的一侧，用切接刀在砧木一侧略带木质部垂直向下切(在横断面上直径的 1/5 ~ 1/4)，深 2 ~ 3 厘米。

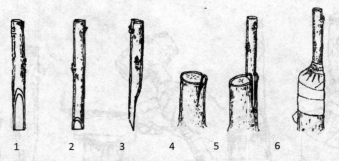

1～3.接穗削面;4.切砧;5.插入接穗;6.绑扎

图3-2 切接

将削好的接穗大的削面向内插入砧木切口中,使砧穗形成层对齐,如果砧木切口过宽,可对准一边形成层。嫁穗的上端要露出0.2～0.3厘米,然后用塑料条由下至上捆扎紧密。必要时,可在接口处封泥、涂抹接蜡或埋土,达到保湿的目的。

(3)苗砧(子苗)嫁接 芽苗嫁接是用刚发芽、尚未展叶的胚苗作砧木进行的嫁接。主要用于核桃、板栗、银杏、油茶、香榧、文冠果等大粒种子树种的嫁接。采用芽苗嫁接可大大缩短育苗时间,同时芽苗无伤流现象,不含单宁、树胶等影响嫁接成活的物质,成活率高。但操作较精细,技术难度较高。

根据芽苗粗度选择接穗,接穗长6～10厘米,上有2～3个饱满芽,下部削成楔形,削面长1.5厘米左右。

将已层积催芽的大粒种子播种在室内湿润的沙土中,保持室温21℃～27℃。在胚苗第一片叶子即将展开时,用双面刀片在子叶柄上方1.5厘米左右处切断砧苗,再用刀在横切面中心纵切深1.2厘米左右的切口,但不要切伤子叶柄。

将接穗插入砧木切口中,结合处用嫁接夹夹紧,或用普通棉线和牙膏皮绑紧。要注意不可挤伤幼嫩的胚苗。将嫁接苗假植在透光密封保湿的容器或温室中,将嫁接部位埋住。待接穗开始萌动前移至阴棚培育。也可直接移栽至圃地中,用塑料棚保湿,注意喷水、遮阴和适当通风。

2.芽接

(1)"T"字形芽接 这是目前应用最广的一种芽接方法,操作简单,嫁接速度快,成活率也高。一般在夏、秋季节皮层易剥离时进行,以1～3厘米直径的砧木为宜。

在已去掉叶片仅留叶柄的接穗枝条上,选健壮饱满的芽,在芽上方1厘米左右处先横切一刀,深达木质部,再从芽下1.5厘米左右处,从下往上削,略带木质部,使刀口与横切的刀口相交,削面为盾形芽片,然后用拇指横向推取芽片。

在砧木距地面10～15厘米处选择背阴面的光滑部位,用芽接刀横切一刀,再从横切口中央垂直纵切一刀,长1.5～2厘米,切断皮层,在砧木上形成一个"T"字形切口。

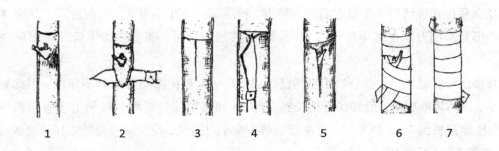

1～2.切削芽片;3～4.切砧;5.插入接穗;6.露芽绑扎;7.封闭绑扎

图 3 – 3　"T"字形芽接

用芽接刀骨柄撬开砧木切口,将芽片插入"T"字形切口内,并向上推一下,使其横断面与砧木横切口皮层紧密相连,芽片被挑开的砧木皮层包裹。再用塑料条绑扎紧,仅露出芽及叶柄。

(2)嵌芽接　也叫带木质部嵌芽接。此种嫁接方法不受树木离皮与否的季节限制,能提早或延长芽接时期,尤其是在早春树皮不易剥离时嫁接。而且用这种方法嫁接,结合牢固,利于嫁接苗生长,已在生产中广泛应用。

从接穗芽的下方 1.5 厘米左右向下方斜切一刀,深达木质部 0.3 厘米左右,再从芽上方1.5 厘米左右稍带木质部向下平削,与下端横切口相交,取下芽片。

在砧木上选平滑部位稍带木质部向下纵切,切口大小要与芽片相当(勿小于芽片),再从下端斜切,去掉切块,嵌入芽片,使两者形成层对齐,如果砧木切口过宽,要使一侧形成层相互对齐。接好后用塑料条绑扎严紧即可。

3.2.4 嫁接苗的管理

嫁接苗的管理工作包括检查成活、补接、抹芽与除萌、解除绑缚物、肥水管理和病虫害防治。

(一)检查成活与补接

芽接在接后 7～15d 即可检查成活率。如果带有叶柄,只要用手轻轻一碰,叶柄即脱落的,表示已成活。若叶柄干枯不落或已发黑的,表示嫁接未成活。不带叶柄的接穗,若已萌发生长或仍保持新鲜状态的即已成活。若芽片已干枯发黑,则表明嫁接失败。

枝接或根接一般在嫁接 1 个月左右检查成活率。若接穗保持新鲜,皮层不皱缩不失水,或接穗上的芽已萌发生长,表示嫁接成活。根接在检查成活时须将绑扎物解除,芽萌动或新鲜、饱满,切口产生愈合组织的,表示已成活。

嫁接失败后,应抓紧时间进行补接。如芽接失败且已错过补接最好时间,可以采用枝接补接。对枝接失败未成活的,可将砧木在接口下剪除,在其萌条中选留一个生长健壮的进行培养,等到夏、秋季节用芽接或枝接补接。

(二)解除绑缚物

夏季芽接在成活后半个月左右即可解绑,秋季芽接当年不发芽,则应至第二年萌芽后松绑。松绑只需用刀片在绑缚物上纵切一刀,将其割断即可,随着枝条生长绑缚物就会自然脱落。

枝接由于接穗较大,愈合组织虽然已形成,但砧木和接穗结合常常不牢固,因此解绑不宜过早,以防风吹脱落,最好在新梢长到20~30厘米解除绑缚物。接穗上套有塑料袋保湿的,当接穗芽长到3~5厘米时,可将套袋剪一个小口通风,使幼芽经受外界环境的锻炼并逐渐适应,5~7天后脱袋。

(三)抹芽与除萌

为了集中养分供给新梢生长,要随时抹除砧木上的萌芽和根蘖。抹芽和除萌一般要反复进行多次。嫁接未成活的,要注意从萌条中选留一壮枝,留作补接之用,其余的也要剪除。

(四)其它管理

嫁接成活后,要根据苗木生长状况和生长规律适时灌水、施肥、除草、防治病虫害,促进苗木的生长。为了防止嫁接品种混杂,应及时挂牌。

4. 设施育苗

随着科学技术的发展,近年来设施育苗已经非常普及,在人为控制生长发育所需要的各种条件下,可按照一定的生产程序操作连续不断地培育出优质的植株来。其中,容器育苗和塑料大棚育苗已经在苗木生产中被广泛运用。

4.1 容器育苗

在装有营养土的容器里培育苗木称为容器育苗。用这种方法培育的苗木称为容器苗。容器育苗最早被用于造林用苗的培育上,现在则主要用于繁殖裸根苗栽植不易成活的植物种类和珍稀园林植物种类。目前容器育苗不仅在露地进行,而且已经发展到在温室或塑料大棚内培育植物。

4.1.1 容器育苗的特点

容器育苗的优点:繁殖和栽植不受季节限制、移栽成活率高、节省种子、节约育苗用地、缩短育苗年限,并利于机械化育苗、利于树木生长。但容器育苗也存在技术复杂、成本高的缺点。

4.1.2 容器的种类、形状与大小

(1)容器的种类

国内研制、应用的育苗容器种类很多,分为可以和苗木一起植入土中的容器和不能与苗木一同植入土中的容器两类。第一类容器,制作材料能够在土壤中被水和植物根系所分散,并为微生物所分解。如用纸张制造的营养袋、营养杯,泥土制作的营养钵(杯)、营养砖,用竹

编制的营养篮（竹篓）等。第二类容器，制作材料不易被水、植物根系所分散和微生物所分解。如用无毒塑料薄膜制作的营养袋，用硬塑料制作的塑料营养筒，用多孔聚苯乙烯（泡沫塑料）制作的营养砖等，在栽植时要先将容器去掉后，才能进行栽植。

（2）容器的形状

容器的形状有六角形、四方形、圆筒形和圆锥形等。另外，容器还有单杯和连杯、有底和无底之区别。其中以无底的六角形和四方形最为理想。因为这两种容器有利于根系舒展。经过改良的圆筒状或圆锥状容器，其内壁表面附有 2~6 个垂直突起的棱状结构，以便使根系向下延伸。

（3）容器的规格

目前幼苗培育所用容器一般高 8~25 厘米，直径 5~15 厘米。容器太小不利于根系的生长，容器太大则需培养土较多，会导致分量加重，给苗木的运输带来不便，育苗、栽植费用高。故当前各国仍在探索保证栽植成效所允许的最小容器规格。

4.1.3 容器育苗技术

（1）营养土的配制　营养土（基质）要因地制宜，就地取材，容器育苗常用于配制营养土的材料有腐殖质土、泥炭土、山地土、碎稻壳、碎树皮、锯末、蛭石和珍珠岩粉等。其中以腐殖质土为最好，泥炭土、碎稻壳、蛭石和珍珠岩粉也是很好的基质，用于育苗效果好。但在大量育苗的情况下，营养土需要量大，材料来源可能不足，故常与山地土、黄土混合制成营养土。生产中有时甚至用黄土作为配制基质的主要材料，加入适量的化肥或有机肥制成营养土。

（2）装袋、置床与消毒

① 装袋　泛指在容器中填装营养土。装袋时要震实营养土，以防灌水后下沉过多。容器育苗灌水后土面一般要低于容器边口 1 厘米，防止灌水后水流出容器。

② 置床　指将装有营养土的容器挨个整齐排列成苗床。一般床宽约 1 米，常依地形决定。在容器的下面要有砖块和水泥板做成的下垫面，以防止苗木的根系穿透容器，长入土地中。在大棚内育苗，将容器排放在容器架上。容器架上下两层应相隔 1 米，保证光照条件。

③ 消毒　置床后应做好消毒工作，严把病虫害关。方法是用多菌灵 800 倍液，或用 2%~3% 的硫酸亚铁水溶液等喷洒，浇透营养土。如果有地下害虫，用 50% 辛硫磷颗粒剂制成药饵诱杀地下害虫。

（3）移苗或播种、扦插

① 移苗　又称上杯，做法是先在苗床上密集播种，小苗长到 3~5 厘米时将小苗移入容器中培育。移苗是目前容器育苗常用的方式，特别适合于小粒和特小粒种子的容器育苗。

② 播种　即直接将种子播入容器的育苗方法。育苗所用的种子必须是经过检验和精选的优良种子，播前应进行消毒和催芽，保证每一个容器中都获得一定数量的幼苗。每个容器的播种粒数根据种子大小和催芽程度决定。目前，这种容器育苗方式正逐渐减少。

③扦插　即将插穗插入容器中的育苗方法。其扦插过程和要求与普通的扦插育苗方法相

同。在容器中扦插育苗也是目前容器育苗常用的方式。

（4）容器育苗的管理

容器育苗的管理措施主要有灌溉、遮阴、盖膜、施肥、病虫防治等。

4.2 塑料大棚育苗

塑料大棚又称塑料温室，是指用塑料作覆盖材料的温室，为与玻璃温室区别而得名。所用材料可以是塑料薄膜，也可以是塑料板材或是硬质塑料。在塑料大棚内进行育苗称塑料大棚育苗，又可称为塑料温室育苗。

4.2.1 塑料大棚育苗的特点

塑料大棚育苗的优点：能增温增湿、延长苗木的生长期、便于进行环境条件的控制，利于苗木生长、便于运用新技术、利于工厂化育苗。但塑料大棚育苗也存在老化、硬化、透明度降低的问题缺点和在塑料大棚内比其他类型的温室容易感染各种病虫害，如白粉病、蚧壳虫等。

4.2.2 塑料大棚育苗的管理

（1）温度管理

全年生产苗木的大棚，温度应控制在15℃～30℃。温度过低，苗木生长缓慢；温度过高，苗木生长也会受不良影响，尤其是当温度超过40℃时苗木将受到严重危害。

（2）光照管理

冬季、高纬度（40°以北）地区或阴雨、下雪天数长的地区日照强度和时数不足，光照质量下降。为促进光合作用和生长发育，补光是必需的。补充光照的光源主要有白炽灯、荧光灯、高压汞灯、金属卤化物灯、高压钠灯等。补光时间因植物种类、天气状况、纬度和月份而变化。为促进生长和光合作用，一天的光照总时数应达12小时。

（3）湿度管理

大棚内应保持一定的湿度，当大棚内过于干燥时应增湿，反之则应降湿。

（4）苗木管理

① 浇水 浇水是大棚育苗的重要环节。浇水按方式不同可分为浇水、喷水等。浇水多用喷壶进行，浇水量以浇完后很快渗完为宜。

② 施肥 追肥的原则是薄肥勤施。通常以沤制好的饼肥、油渣为主，也可以用化肥或者微量元素追施或叶面喷施。施肥要在晴天进行。施肥前先松土，待盆土稍干后再施肥。施肥后，立即用水喷洒叶面，以免残留肥液，污染叶面或者引起肥害。

③ 整形与修剪 整形与修剪可以调节整株生长势，促进其生长开花，长成良好株形，增加美感。

④ 病虫害防治 大棚内相对高温高湿，应注意防治病虫害，尤其是病害，如针叶类的立枯病。

⑤ 炼苗 大棚内的苗木培育到一定的规格，在移到大田栽培前须进行炼苗。因为大棚内

相对高温高湿，大棚内外的环境条件相差大，如果直接将苗木移到大田栽培，苗木难以适应突变的条件。炼苗的方法是经 5~7d，通过加强室内通风、降低室内温度、适当减少水分的供应、增加室内的光照、尽量少施氮肥、多施磷钾肥等措施，使棚内的环境条件逐渐与棚外环境条件相一致，以促进苗木组织老熟，增强其抗性。

4.3 控根容器育苗技术

控根容器育苗栽培是近几年兴起的一种育苗栽培方式，其主要优点是生根快、生根量大、苗木成活率高、移栽方便、一年四季都可以移栽，特别是名、特、新、稀、优树种在控根容器中栽培，省时省力、成活率高、见效快；在一些重要展销、接待会议上，用于租摆，更显示出特殊作用。因此，控根容器苗木被称为活动的绿洲和可移动的森林。

4.3.1 控根容器的组成

控根快速育苗容器简称控根容器，由底盘、侧壁和扣杆 3 个部件组成。底盘的设计对防止根腐病和主根的缠绕有独特的功能。侧壁是凹凸相间，凸起外侧顶端有小孔，具有"气剪"控根，促使苗木快速生长的功能。

4.3.2 控根容器的作用

(1)增根作用：控根育苗容器内壁设计有一层特殊涂层。且容器侧壁凹凸相间，外部突出的顶端开有气孔，当种苗根系向外和向下生长，接触空气(侧壁上的小孔)或内壁的任何部位，根尖则停止生长，实施"空气修剪"和抑制无用根生长。接着在根尖后部萌发 3 个或 3 个以上新根，继续向外向下生长，根的数量以 3 的级数递增。

(2)控根作用：对根系的侧根进行修剪。控根就是可以使侧根形状短而粗，发育数量大，接近自然生长形状，不会形成茎缠绕的盘根。同时，由于控根育苗容器底层的结构特殊，使向下生长的根在基部被"空气修剪"，在容器底部 20 毫米形成对水生病菌的绝缘层，确保了苗木的健康。

(3)促长作用：控根快速育苗技术可以用来培育大龄苗木、缩短生长期，并且具有气剪的所有优点。由于控根育苗的形状与所用栽培基质的双重作用，根系在控根育苗容器生长发育过程中，通过"空气修剪"，短而粗的侧根密密麻麻布满了容器周围，为植株迅速生长提供了良好的条件。

4.3.3 控根容器的选择

容器的选择要根据苗木的生长习性、苗木的种类、苗木的大小、苗木的生长时间和苗木规格的大小来确定，在不影响苗木生长的前提下，合理选用容器。小灌木、匍匐类苗木，可选择用 K2022 规格的容器；根径 4 厘米以下、高度 3.5 厘米以下，易选用 K3031 容器；根径 4 厘米以上 10 厘米以下，高度 3.5 厘米左右，可选用 K9063 规格的容器。

4.3.4 栽培基质

适宜栽培的基质主要种类有杂树皮、锯末、枯枝落叶、作物秸秆(玉米秸)、花生壳、废菌棒、牛粪、圈粪等。杂树皮、锯末、枯枝落叶、作物秸秆(玉米秸)、花生壳等加工粉碎,最大直径不超过2厘米。加入特制菌液发酵后使用。栽培基质与牛粪(圈粪)混合比例为8:2。

4.3.5 苗木的选择

适宜栽培的主要树种:

选择树种为名特新且价格较高的品种,如花楸木、紫檀、桂花、玉兰、紫叶挪威槭、黄花丁香、红叶紫荆、花叶复叶槭、金叶复叶槭、红枫、加拿大红枫、石榴、树桩月季、黄金海岸柏等。苗木应选择生长健壮、树型优美、无病虫害的柱体。

4.3.6 苗木栽植

栽植最好选择阴天或下午进行,栽后先放置在树下或避阴网。为了确保苗木的成活,要做到苗木随起随栽,对于不能及时栽植的苗木要在地方假植,尽量减少苗木暴露在阳光下的时间,以防失水过多。栽植时根系与基质紧密结合,栽植时根底部要垫一定的基质,边栽边提动,然后踩实,基质不用太满,基质离容器上边缘5厘米左右,以便浇水。控根容器苗木栽植后摆放在平坦的地面,如水泥地、铺装地,如地面为裸露土壤应在地面垫一层石子或粗炭渣,地上经常洒水保持地下湿度,有利于根系补充氧气和水分,控根容器苗木不要长时间放在土地上,以免根系从容器长出扎入地下,失去控根的作用。

4.3.7 控根容器苗的管理

(1)浇水

浇水方式和浇水量是容器苗支持生长的重要因素。在规模生产中采用喷灌和人工操作两种方式。喷灌省时省力,受时间限制。根据天气季节温湿度变化浇水尤为重要,浇水要浇透,不要上湿下干,掌握不好就会造成缺水或多水现象,对苗木生长都不利,浇水的最佳时间是早晨。

(2)浇水量

不同植物、不同苗木、不同容器、不同基质,所需水分不同。浇水应根据容器类型、基质配制、苗木种类进行合理分区。同一容器、同一基质、同一苗木、相同或相近的苗木放在一个区。在浇水时一定要确保每个容器都能获得大约等量的水。容器苗的用水量一般要大于地栽苗,浇水的次数要随季节的变化而变化,浇水量和浇水次数要随苗木的需要而灵活掌握。栽新苗木栽入控根容器后,需要大量水,控根容器四周底部都有通气孔。栽植基质透水性强,新栽苗木要连续数天浇水,夏天每天早晚要各浇一次。控根容器浇水不及时或浇不透水或出现干旱甚至会出现根死的现象,影响到苗木的正常生长。

(3)施肥

控根容器苗木的生长速度与施肥关系密切,容器苗与地栽苗不同。特别是对于封闭式容器育苗,苗木从土壤中吸收到的养分较少或极少。主要靠人工施肥来补充营养。由此可见,施肥对容器栽培来说尤为重要。春天是植株旺盛生长期,施肥能及时供给植株需要的养分,此时施肥以氮肥为主,并加入适量的磷钾肥,氮磷钾比例一般为3:1:1。这样既可使植株枝叶茂盛，还利于生根。在使用化肥的同时，还可以使一些腐熟的圈肥，这样不仅能达到营养平衡的目的，还可以有效提高土壤的肥力和疏松度，使苗木全面吸收养分。

对长势较差的苗木，还可对其叶面喷施肥料，一般多采用浓度为 0.5% 的尿素或 800 倍的磷酸二氢钾，每两周喷一次连续三次。对名优苗木也可补充一些微量元素，如持力硼硫酸铜、硫酸亚铁等。N、P、K 及微量的元素使用可根据各苗木叶内营养参考值表确定。

5. 苗木出圃

苗木经过一定时期的培育，达到造林绿化要求的规格时，即可出圃。为了保证造林绿化苗木的质量和观赏效果，需确定苗木出圃的规格标准、掌握各类苗木的质量和数量。苗木出圃包括起苗、分级、包装、运输或假植、检疫等。为了保证出圃工作地顺利进行，必须要做好出圃前的准备工作，确定苗木质量的具体标准。通过苗木的调查，了解各类苗木质量和数量，制订出圃销售计划，并做好相应的辅助工作。

5.1 出圃苗木标准

为了使出圃苗木定植后生长良好、早日发挥其绿化效果、满足各层次绿化的需要，出圃苗木应有一定的质量标准。不同种类、不同规格、不同绿化层次及某些特殊环境，特殊用途等对出圃苗木的质量标准要求各异。

（1）苗木根系发达。主要是要求有发达的侧根和须根，根系分布均匀。

（2）茎根比适当，高粗均匀，达到一定的高度和粗度，色泽正常，木质化程度好。

（3）无病虫害和机械损伤。

（4）萌芽力弱的针叶树要具有发育正常的顶芽。

5.2 苗木调查

通过苗木调查，能全面了解全圃各种苗木的产量和质量。调查结果能为苗木出圃提供数量和质量的依据，也可掌握各种苗木的生长发育情况，科学地总结育苗技术经验，指导今后的苗木生产。

（1）苗木调查时间

为使调查所得数据真实有效，苗木调查的时间一般选择在每年苗木高、径生长结束后进行，落叶树种在落叶前进行。因此，出圃前的调查通常在秋季，生产上也有些苗圃为核实育苗面积，检查苗木出土和生长情况在每年 5 月调查一次。

（2）苗木调查的方法

苗木调查应结合苗圃生产档案和生产区踏查。在进行苗木调查前，应先查阅往年的生产档案，按树种、苗龄、育苗方式方法确定调查区及调查方法。以调查区面积的 2% ~4% 确定抽样面积，在样地上逐株调查苗木的各项质量指标及苗木数量，根据样地面积和调查区面积估算出此类苗木的产量与质量，进而统计出全圃苗木的生产状况。

①逐株记数法 对于数量较少或较为珍贵的苗木的调查，常按种植行清点株数，抽样测量苗木各项质量指标并求出此类苗木平均值，以掌握苗木的数量和质量状况。

②抽样统计法 抽样统计法是指在某类苗木的生产地块中选取在数量和质量上有代表性的种植行或种植地块进行调查。包括标准行法和标准地法。

标准行法：适用于移植区、部分大苗区及扦插区等。在要调查的苗木生产区中，选取某一数字的倍数的种植行或垄作为标准行，在标准行上选出有代表性的一定长度的地段进行苗木质量和数量的调查，计算出调查地段的总长度及单位长度的长苗量，以此推算出单位面积的产苗量和质量，进而推算出该类苗木的总的质量和产苗量。

标准地法：适用于苗床育苗、播种的小苗。在调查区内随机抽取 1 平方米的标准地块若干，在标准地上逐株调查苗木的数量和质量指标，计算出每平方米苗木的平均数量和质量，进而推算出该类苗木的产量和质量状况。

5.3 起苗与包扎

苗木的掘取又称为起苗，是把已经达到出圃规格或需移植扩大株行距的苗木从苗圃地上挖起来的工作。掘苗操作技术的好坏，对苗木的质量、产量和移植成活率有着直接的影响。因此，应选择适当的起苗时期，合理运用技术，认真细致地完成起苗工作以保证苗木的质量。

5.3.1 起苗季节

（1）秋季起苗 多数园林绿化树种均可秋季起苗，尤其是春季发芽早的树种（如落叶松、水杉等）应在秋季起苗。而油松、黑松、侧柏、云杉、冷杉等常绿针叶树种也可以秋季起苗，但是最好随栽随起苗。秋季起苗一般在地上部停止生长开始落叶时进行，此时根系仍在缓慢生长，起苗后及时栽植有利于根系伤口愈合。

（2）春季起苗 针叶树种、常绿阔叶树种以及不适合于长期假植的根部含水量较多的落叶阔叶树种（如榆树、枫树、泡桐等）的苗木适宜春季起苗，随起苗随栽植。春季起苗宜早，否则芽苞萌动，将降低苗木成活率，同时也会影响圃地春季生产作业。

（3）雨季起苗 春季干旱风大的西部、西北部地区，有时对于常绿针叶树种苗木也可在雨季起苗，随起苗随栽植，可提高苗木栽植的成活率。

（4）冬季起苗 主要适用于南方。北方部分城市常进行冬季大苗破冻土带土球起苗。这种方法一般是在特殊情况下采用，而且费工费力，但可利用冬闲季节。

5.3.2 起苗方法

（1）裸根起苗

绝大多数落叶树种和容易成活的针叶树小苗均可裸根起苗。起苗时，应在规定的范围以外下锹。落叶乔木的根幅为苗木地径的 8～12 倍（灌木按株高的 1/3 为半径定根幅），大树以树干为中心画圆，在圆圈处向外挖操作沟，垂直挖下至一定深度，切断侧根。然后于一侧向内深挖，适当轻摇树干，并将粗跟切断。如遇难以切断的粗跟，应把四周土掏空后，用手锯锯断。切忌强按树干和硬劈粗跟，造成根系劈裂。根系全部切断后，将苗取出，对病伤劈裂及过长的主根应进行修剪。挖掘大树之前要用竹竿、木杆支撑树木，并将撑杆与树干用绳捆紧，防止挖掘过程中树木倒伏。

（2）带土球起苗

针叶树种和常绿阔叶树种大苗常用带土球起苗。凡带土球起苗，土球的大小应适宜，太大浪费人力物力财力；太小伤根过多，不利于苗木的成活。一般土球的直径约为地际直径的10倍左右，土球高度约为直径的2/3，原则上要尽量保持主要根系的完整。土球的大小因苗木大小、根系分布情况、树种成活难易、土壤质地等条件而异。苗木成活难的、根系分部广的土球应大一些。土球规格确定后，以树干为中心，按比土球直径大3～5厘米画一圆圈。然后沿着圆圈向下挖沟，其深度应与确定的土球高度相等。当挖至1/2深时，应随挖随修整土球，将土球表面修平，使之上大下小，局部圆滑。修整土球时如遇粗根，要用剪枝剪剪断或小手锯锯断，切不可用锨断根，以免震散土球。我国东北寒冷地区有时采用冻土球起苗。当苗根层土壤冻结后，一般温度降至 -12℃左右时，开始挖掘土球。带土球起苗有时还把土球挖成方形，用木箱包扎。

（3）机械起苗

目前，起苗已逐渐由人工向机械作业过渡。但机械起苗只能完成切断苗根、耕翻土壤，不能完成全部起苗作业。一般由拖拉机牵引床式或垄式起苗犁起苗，不仅起苗效率高、节省劳力、减轻劳动强度，而且起苗质量好、很少损伤苗木，又降低成本，是今后各地值得推广使用的起苗方式。

（4）起苗技术要求

起苗时应有一定深度和幅度，不损伤根皮，不撕断侧根和须根。不损伤地上枝干，做到枝干不断裂、树皮不碰伤。常绿树种应保护好顶芽，保证达到对苗木规定的标准。

保持圃地良好墒情。土壤干旱时，起苗前一周适量灌水。苗木随起、随分级、随假植，及时统计数字，裸根苗应进行根系蘸浆。有条件的可喷洒蒸腾抑制剂保护苗木，最大限度地减少根系、枝条水分的散失。适量修剪过长及劈裂根系，处理病虫感染根系，按要求对主干、侧枝进行修剪或包扎捆绑（常绿树种）。清除病虫危害苗木，按林木植物检疫要求进行处理，尤其是有危险性病虫害的苗木，如根瘤、天牛危害的苗木，要集中处理，防止感染危害其他苗木。

5.3.3 苗木包扎

（1）裸根苗包扎

裸根小苗如果在运输过程中超过24小时，一般要进行包装。特别是对珍贵、难以成活的树种更是要做好包装，以防失水。生产上常用的包装材料有草包、草片、蒲包、麻袋等。包装方法是先将包装材料放在地上,上面放上苔藓、锯末、稻草、麦秸等湿润物,然后将苗木根对根地放在上面,并在根间填湿润物。当每个包装的苗木数量达到一定要求或重量达到20~25千克时,用包装物将苗木捆扎成卷。捆扎时,在苗木根部的四周和包装材料之间,包裹或填充一定厚度的湿润物。捆扎不宜太紧,以利通气。外面挂一标签,表明树种、苗龄、苗木数量、等级和苗圃名称。

短距离运输,可在车上放一层湿润物,上面放一层苗木,分层交替堆放。或将苗木散放在篓、筐中,苗木间填放湿润物,苗木装满后,再放一层湿润物即可。

(2)带土球苗木包扎

带土球苗木需运输、搬运时,必须要先行包扎。最简易的包装方法是4个瓣包扎,即将土球装入蒲包或草片,然后拎起四角包扎。简易包扎法适用于小土球及近距离运输。大型土球包扎,应结合挖苗同时进行。方法是:按照土球规格的大小,在树木四周挖一圈,使土球呈圆筒形。用利铲将圆筒体修光后打腰箍(也称腰绳),第一圈将草绳头压紧,腰箍打多少圈,应视土球大小而定,到最后一圈,将绳尾压住,不使其散开。腰箍打好后,随即用铲向土球底部轴心处挖掘,使土球下部逐渐收小。为防止倾倒,可事先用绳索或支柱将大苗暂时固定。

5.4 苗木分级

5.4.1 苗木分级

根据苗木主要质量指标(苗高、地径、根系、病虫害和机械损伤等),可将苗木分成三类。

(1)成苗 也叫合格苗,指可用来绿化或造林的苗木,具有良好的根系、优美的树形、一定的高度。根据其高度和粗度的要求又可分为几个等级。如行道树苗木,胸径要求在4厘米以上,枝下高应在2~3厘米,而且树干通直、树形良好,为合格苗的最低要求,在此基础上,胸径每增加0.5厘米,即提高一个规格型。

(2)幼苗 指需要继续在苗圃培育的不合格苗,其根系一般、树形一般、苗高不符合要求。也可称为小苗或弱苗。

(3)废苗 又称等外苗。指不能用于造林、绿化,也无培养前途的断顶针叶苗、病虫害苗和缺根、伤茎苗等。除有的可作为营养繁殖材料外,一般皆废弃不用。

5.4.2 苗木统计

苗木统计一般与分级工作同时进行。选择背阴避风处(或搭阴棚),边分级边统计,尽量做到随起苗、随分级、随假植,以免苗根被风吹日晒而干枯。按分级规格标准分别计数,对于小苗也可用称重法称一定数量的苗木,再推算出各类苗木的总量。

5.5 苗木远距离运输

5.5.1 小苗的装运

小苗远距离运输应采取快速运输,运输前应在苗木上挂上标签,注明树种和数量。在运输期间，要勤检查包内的温度和湿度。如包内温度过高，要把包打开通风。如湿度不够，可适当喷水。苗木运到目的地后，要立即将苗包打开进行假植，过干时适当浇水或浸水，再行假植。火车运输要发快件，对方应及时到车站取苗假植。

5.5.2 裸根大苗的装运

用人力或吊车装运苗木时，应轻抬轻放。先装大苗、重苗，大苗间隙填放小规格苗。苗木根部装在车厢前面，树干之间、树干与车厢接触处要垫放稻草、草包等软材避免磨损树皮，树根与树身要覆盖，并适当喷水保湿，以保持根系的湿润。为防止苗木滚动，装车后将树干捆牢。运到目的地后，要逐株抬下，不可推卸下车。

5.5.3 带土球大苗的装运

带土球的大苗，重量常达数吨，要用机械起吊和载重汽车运输。在吊装和运输途中，要保护好土球，不能破碎散开。吊装时，应事先准备好麻绳或钢丝绳，以及蒲包片、碎砖头和木板等。起吊时，绳索一端拴在土球的腰下部，另一头拴在主干中下部，让大部分重量落在土球一端。为防止起吊时因重量过大而使绳子嵌入土球切断草绳，造成土球破损，应在土球与绳索之间插入适当大小的木板。吊起的土球装车时，土球向前，树冠向后码放，土球两旁垫木板或砖块，使土球稳定不滚动。树干与卡车接触部位，用软材料垫起，防止擦伤树皮。树冠不能与地面接触，以免运输途中树冠受损伤，最后用绳索将树木与车身紧紧拴牢。

第4章　森林营造技术

1. 树种选择与适地适树

1.1 树种选择

1.1.1 树种选择的意义

选择造林树种和种源(或品种、类型)是造林工作成败的关键。如果造林树种选择不当,造林后则难以成活,即使造林成活也难于成林、成材,致使造林地的生产潜力长期不能充分发挥,浪费了人力、物力、财力,贻误了时机,发挥不了应有的生态效益和经济效益。

我国地域广阔,立地千差万别,树种要求各异,只有地树相适,才能顺利成活并良好生长。因此,林业生产的长期性、造林目的的多样性、自然条件的复杂性以及经营管理的差异性,决定了选择造林树种是带有百年大计性质的事情,必须要认真对待、谨慎从事。

1.1.2 树种选择的原则

(1)市场需要的原则

造林的目的是与经济发展紧密地结合在一起的。在选择造林树种时,首先应考虑经济建设、人民生活和社会发展对造林树种的要求,根据市场的需要来确定造林树种。

(2)满足造林目的的原则

选择造林树种要依据造林的目的要求来决定,而不同林种的造林目的是不同的,因此要按不同林种的要求选择造林树种。营造速生丰产用材林,造林树种必须同时具有速生、丰产和优质的特性。其他林种或一般用材林树种的选择,也应尽量选择具有速生、丰产和优质特性的树种。

(3)适地适树的原则

每个树种对于立地条件都有一定的要求范围,只有在其最适宜的环境中才能良好生长,才能充分地发挥出森林的多种效益来。因此,除了考虑上述两个原则之外,还须根据"适地适树"的原则,选择与造林地的立地条件相适应的树种,其中最重要的是气候条件和土壤条件。另外,还应适当考虑种苗来源、经营技术和投资是否有保证。

1.1.3 各林种造林树种的选择

(1)用材林树种的选择

① 速生性

树种生长速度快、成材早是选择用材树种的重要条件。大力营造速生树种对缩短成材期限,解决木材供需矛盾,是带有战略意义的大事。我国的速生树种资源丰富,如桉树、杨树、相思树、杉木、马尾松、落叶松、刺槐、泡桐、檫树、竹子等都是很前途的速生用材树种。

② 丰产性

丰产性是选择造林树种的重要指标之一。树种的丰产特性即单位面积的蓄积量高。一般树种外形高大,相对长寿,材积生长的速生期维持较长,冠幅小,又适于密植,是获得单位面积木材丰产的重要条件。丰产性与速生性既有联系又有区别。有些树种既能速生,又能丰产,如杉木、桉树、杨树、马尾松、相思树;有些树种只能速生,难以丰产,如苦楝、泡桐、檫树、刺槐;还有些树种,如红松、云杉等是有丰产的特性,但不够速生,如果以培育大径材为目标,在采取适当的培育措施之后,这些树种也可取得相当高的生产率,有时还可以超过某些速生树种。

③ 优质性

优质性是选择造林树种的又一重要指标。良好的用材树种应该具有树干通直、圆满,分枝细小,整枝性能良好等特性,这样的树种出材率较高、采运方便、用途较广,因此经济价值较大。大部分的针叶树种在这方面具有较好的性状,在阔叶树种中也有树干比较通直圆满的,如桉树、毛白杨、檫树、楸树等,但大部分的阔叶树有树干不够通直或分枝过低、主干低矮、不够圆满、树干扭曲等缺点。

用材树种的优质性还包括木材有良好的材性。由于木材的用途不同,要求木材的材性也不一样。如一般的用材要求材质坚韧、纹理通直均匀、不翘不裂、不易变形、干缩小、便于加工、耐磨、抗腐蚀等;家具用材还进一步要求材质致密、纹理美观,具有光泽和香气等;造纸用材则着重要求木材的纤维含量高、纤维长度长等。

(2)经济林树种的选择

经济林必须选择生长快、收益早、产量高、质量好、用途广、价值大、抗性强、收获期长的优良树种。实际上,经济林对造林树种的要求也可以概括为"速生性、丰产性和优质性",但其内涵与用材树种不一样。由于经济林的产品种类多样,利用部位各异,各类经济林树种的具体内涵也不一样。如对柑橘、沙梨、板栗等树种,速生性的主要内涵是进入结果期早,即具有"早实性";丰产性的内涵是单位面积果实产量高;优质性的内涵是果实的品质好。木本油料树种的内涵又有所不同,要求结实早、结实多、含油量高和油质好。

(3)薪炭林树种的选择

薪炭林树种选择要求速生、生物量大、繁殖容易、萌蘖力强、可劈性好、易燃、火旺、适应性强，并还应考虑其木材在燃烧时不冒火花，烟少，无毒气产生等特点。

（4）防护林种树种的选择

防护林的树种一般应具有生长快，郁闭早，寿命长，防护作用持久，常绿，根系发达，耐干旱瘠薄，繁殖容易，落叶丰富能改良土壤等条件。但由于各种防护林的防护对象不同，对选择树种的要求也不一样。

（5）特种用途林树种的选择

特种用途林树种应根据不同造林目的进行选择。实验林和母树林可根据实验和采种（条）的需要分别选择适宜的造林树种。名胜古迹和革命圣地也应根据不同的特点选择造林树种。在疗养区周围营造以保健为主要目的的人工林，最好选用能挥发具有杀菌物质和美化环境的树种。在厂矿周围，特别是在有毒气体（二氧化硫、氟化氢、氯气等）产生的厂矿周围，应注意选择抗污染性能强又能吸收污染气体的树种。在城市附近为了给群众提供旅游休息的场所，除了树种的保健性能以外，还能考虑美化、香化、彩化的要求及游乐休息的需要。

1.2 适地适树

适地适树是指将树木栽在它生长最适宜的地方，使造林树种的生态学特性与造林地的立地条件相适应，以充分发挥造林地的生产潜力，达到该立地在当前的技术经济和管理的条件下可能达到的高产水平或高效益。

（1）适地适树的标准

适地适树虽然只是相对的概念，但衡量是否达到适地适树应该有一个客观标准。这个标准主要根据造林的目的要求来确定。对于用材林来说，应达到成活、成林、成材，并对自然灾害有一定的抗御能力，林分有一定的稳定性。从成材这一要求出发，还应当有一个数量标准，即在一定年限内达到一定的产量指标。衡量适地适树的数量标准主要有两种：一种是平均材积生长量，另一种是某树种在各种立地条件下的立地指数。

（2）适地适树的途径

适地适树的途径可以归纳为三条：

① 选树适地或选地适树

根据某种造林地的立地条件选择适合的造林树种，如在干旱地选择耐旱树种；或者是确定了某一个造林树种后选择适合的造林地，如给喜水肥的树种选水肥条件好的造林地。

② 改树适地

在地、树之间某些方面不太适应的情况下，通过选种、引种驯化、育种等方法改变树种的某些特性，使它们能够适应当地环境条件。如通过育种措施增强树种的耐寒性、耐旱性或抗盐性，以适应寒冷、干旱或盐渍化的造林地上生长。

③ 改地适树

在造林地上，通过整地、施肥、灌溉、混交、间种等措施改变造林地的环境状况，使其适合原来不太适合的树种的生长。如通过排灌洗盐，使一些不太抗盐的速生杨树品种在盐碱地上顺利生长。又如通过与马尾松混交，使杉木有可能向较为干热的造林地区发展等。

在三条途径中，第一条途径是基础，第二、第三条途径是补充，只有在第一条途径的基础上辅以第二或第三条途径，才能取得良好的效果。

2. 造林施工

2.1 人工林结构

2.1.1 人工林结构分类

用人工种植的方法营造的森林称为人工林。人工林的结构包括水平结构和垂直结构两类。林分密度和配置决定林分水平结构，树种组成和年龄决定林分垂直结构。树种组成是指构成林分的树种成分及其所占的比例，根据树种组成的不同，可将人工林分为纯林和混交林。由一种树种组成，或虽由多种树种组成，但主要树种的株数或断面积或蓄积量占总株数或总断面积或总蓄积量80%（不含）以上的森林称为纯林。由两种或两种以上树种组成，其中主要树种的株数或断面积或蓄积量占总株数或总断面积或总蓄积量的80%（含）以下的森林称为混交林。

用材林理想的结构应是林木分布均匀、密度适中、复层林冠、种间协调的群体结构。这样，既能使林分中的每个个体有充分的发育条件，又能最大限度地利用造林地的营养空间获取更多的物质和能量，发挥林分最大的生产潜力，达到速生丰产优质的目的。

2.1.2 造林密度

造林密度是指单位面积造林地上栽植点或播种点（穴）数。通常以每公顷多少株（穴）来表示。在规划设计及施工时确定的密度，称为初植密度。

造林密度不是一个常数，而是一个随经营目的、培育树种、立地条件、培育技术和培育时期等因素变化的数量范围。合理的造林密度应保证树种在一定的立地条件和栽培条件下，根据经营目的能取得最大经济效益、生态效益和社会效益。

现列出一些主要造林树种的造林密度（见表4-1）供参考。

表 4 - 1　　　　　　　　　　　　主要造林树种的造林密度　　　　　　　　　　　单位:株/hm²

树种	生态公益林	商品林	树种	生态公益林	商品林
红松	2200 ~ 3000	3300 ~ 4400	杉木	1050 ~ 4500	1650 ~ 4500
落叶松	1500 ~ 3300	2400 ~ 5000	水杉、池杉、落羽杉	1500 ~ 2500	1500 ~ 2500
樟子松	1000 ~ 2500	1650 ~ 3300	香樟	600 ~ 860	625 ~ 6000
云杉、冷杉	1667 ~ 6000	2000 ~ 6000	檫木	667 ~ 1650	600 ~ 900
侧柏、柏木	1111 ~ 6000	1111 ~ 6000	桉树	1200 ~ 2500	1200 ~ 2500
油松、白皮松、黑松	1111 ~ 5000	1111 ~ 5000	相思类	1200 ~ 3300	1200 ~ 3300
胡桃楸、水曲柳、黄菠萝	625 ~ 3300	500 ~ 6600	木麻黄	1500 ~ 2500	2400 ~ 5000
杨树	250 – 3300	156 ~ 3300	花椒	1650 ~ 3300	600 ~ 1600
刺槐	1000 ~ 6000	833 ~ 6000	紫穗槐、山皂角	800 ~ 3300	1650 ~ 3300
泡桐	400 – 900	195 ~ 1500	柽柳、毛条、柠条	1000 ~ 5000	1240 ~ 5000
枫香、五角枫、黄连木	625 ~ 1500	400 ~ 833	山桃、山杏	350 ~ 1000	833 ~ 1000
马尾松、华山松、黄山松	1200 ~ 3000	3000 ~ 6750	毛竹	450 ~ 600	278
云南松、思茅松、高山松	1667 ~ 3300	1667 ~ 6750	大型丛生竹	500 ~ 825	278
火炬松、湿地松	900 – 2250	833 – 1200			

备注:摘自《造林技术规程》。

2.1.3 种植点的配置和计算

（1）种植点的配置

种植点的配置指播种点或栽植点在造林地上的间距及其排列方式。同种造林密度可以由不同的配置方式来体现,从而形成不同的林分结构。合理的配置方式,能够较好地调节林木之间相互关系,充分地利用光能,使树冠和根系均衡地生长发育,达到速生丰产的目的。

种植点的配置方式主要有行状配置、群状配置。行状配置可使林木较均匀地分布,能充分地利用营养空间,使树干发育较好,也便于抚育管理,目前应用最为普遍。行状配置又可分为以下三种方式,为正方形配置、长方形配置、三角形配置。群状配置也称簇式配置、植生组配置。植株在造林地上呈不均匀的群(簇)分布,群内植株密集(间距很小),而群与群之间的距离较大。群的大小从环境需要出发,从 3 ~ 5 株到十几株或更多。群的排列可以是规整的,也可以是不规则的排列。这种配置方式可使群内迅速郁闭,有利于抗御外界不良环境因子的危害,但对光能利用及林木生长发育等方面均不如行状配置。一般在防护林营造、立地条件很差的地区造林、迹地更新及低价值林分改造或风景林的营造上有一定的应用价值。

（2）种植点数的计算

种植点的配置方式及株行距确定以后,可按下列公式计算单位面积上栽植株(穴)数。

$$正方形植苗株数 = \frac{造林地面积}{株距 \times 株距}$$

$$长方形植苗株数 = \frac{造林地面积}{株距 \times 行距}$$

$$正三角形植苗株数 = \frac{造林地面积}{（株距）^2} \times 1.155$$

必须指出，造林地面积是指水平面积，株行距也是指水平距离，在山地造林定点时，行距应按地面的坡度加以调整。

2.1.4 纯林、混交林的特点

(1)混交林的优势

充分利用光能和地力，单位面积产量高。不同生物学特性的树种适当混交，能充分地利用营养空间。如将喜光与耐荫、深根型与浅根型、速生与慢生、针叶与阔叶、常绿与落叶、宽冠幅与窄冠幅、喜肥与耐瘠薄等树种混交在一起，可以占有较大地上、地下空间，有利于各树种分别在不同时期和不同层次范围内利用光能、水分及各种营养物质，能充分地利用光照和土壤肥力，提高林地生产力。

更好地维持和提高地力。经营针叶树纯林，造成林地土壤肥力显著下降，土壤结构变差、孔隙度降低、土壤持水性下降、养分贮量减少，而且经营代数越多状况越差。如多代经营杉木人工林，与一代杉木林地相比，二、三代杉木林表层有机质分别下降9.18%和22.83%，全 N 含量分别下降13.4%和20.86%，全 P 含量分别下降22.81%和36.84%，全 K 含量分别下降4.5%和15.10%。

生态效益和社会效益好。当前生态效益已成为森林的主要功能，而混交林在保持水土、涵养水源、防风固沙、净化大气、退化生态系统恢复等方面的效益更为显著。混交林的林冠结构复杂、层次较多，拦截雨量能力大于纯林，对害风风速的减缓作用也较强。林下枯枝落叶层和腐殖质较纯林厚，林地土壤质地疏松，持水能力与透水性较强，加上不同树种的根系相互交错、分布较深，提高了土壤的孔隙度，加大了降水向深土层的渗入量，因此减少了地表径流和表土的流失。

混交林可以较好地维持和提高林地生物多样性。由于混交林有类似天然林的复杂结构，为多种生物创造了良好的繁衍、栖息和生存的条件，从总体来说使林地的生物多样性得到了维持和提高。配置合理的混交林还可增强森林的美学价值、游憩价值、保健功能等，使林分发挥出更好的社会效益。

抗各种灾害的能力强。由多树种组成的混交林系统食物链较长，营养结构多样，有利于各种动物栖息和寄生性菌类繁殖，使众多的生物种类相互制约，因而可以控制病虫害的大量发生。如广西柳州沙塘林场近20多年来多次经历过马尾松毛虫的危害，马尾松纯林的针叶曾多次被啃光，针阔混交林内虽也受到危害，但危害较轻，依然有大量的针叶。

针阔混交林的林冠层次多、枝叶互相交错，而且根系较纯林发达、深浅搭配，且在干热季节林内温度较低、湿度较大，所以抗风、抗雪和抗火灾能力较强。

提高造林成效。由于混交林树种之间的相互辅佐和防护作用，一些营造纯林生长差的树种通过混交能够获得成功。樟树、檫树、红豆树、青冈栎等珍贵阔叶树种纯林，产量一般很低，而营造混交林则能取得较好的造林效果。如杉木与檫树混交，不仅促进了杉木的生长，也使檫树生长良好，解决了檫树纯林病虫害多、树皮易溃疡、生长不良的问题。

（2）混交林的局限性

造林技术复杂 混交林的造林技术比纯林复杂，培育难度较大。混交林选择造林树种时不仅要做到地树相适，还要做到树种间关系协调；在造林施工时要根据混交方法分配好苗木；在出现种间矛盾后既要调节好种间矛盾，又要保持良好的混交状态。相比之下，营造纯林的技术比较简单，容易施工，在培育短轮伐期的速生人工林时这一优势更明显。

要求立地条件较高 在立地条件较差的造林地上，能良好生长的乔木树种本来就少，而在有限的树种中树种间关系协调的树种就更少了，很难做到合理搭配树种。

2.1.5 混交林营造技术

（1）混交林中的树种分类

混交林中的树种，依其所起的作用可分为主要树种、伴生树种和灌木树种三类。

主要树种：是人们培育的目的树种，根据林种的不同，主要树种或防护效能好，或经济价值高，或风景价值高。在混交林中一般数量最多，是优势树种。同一混交林内主要树种数量有时是 1 个，有时是 2～3 个。值得注意的是混交林中的主要树种不一定是本经营单位的主要树种。

伴生树种：是在一定时期与主要树种相伴而生，并为其生长创造有利条件的乔木树种。伴生树种是次要树种，在林内数量上一般不占优势。伴生树种主要有辅佐、护土和改良土壤等作用，同时也能配合主要树种实现林分的培育目的。

灌木树种：是在一定时期与主要树种生长在一起，并为其生长创造有利条件的灌木。灌木树种在乔灌混交林中也是次要树种，在林内的数量依立地条件的不同而异，一般立地差灌木数量多，立地好则灌木数量少。灌木树种的主要作用是护土和改土，同时也能配合主要树种实现林分的培育目的。

（2）混交林的类型和价值分析

混交类型是主要树种、伴生树种和灌木树种人为搭配而成的不同组合。主要有以下四种类型。

主要树种与主要树种混交又称乔木混交类型，是两种或两种以上的目的树种混交。这种混交搭配组合，可以充分利用地力，同时获得多种经济价值较高的木材，并发挥出其他有益的效能。

主要树种与伴生树种混交又称主伴混交类型，这种树种搭配组合，林分的生产率较高，防护效能较好，稳定性较强，林相多为复层林。主要树种一般居第一林层，伴生树种位于其下，组成第二林层或次主林层。也有伴生树种居上层，主要树种居下层的，如杉木与檫树混交。

主要树种与灌木树种混交又称乔灌混交类型，目的是利用灌木起到保持水土和改良土壤的作用。这种树种搭配组合，树种种间关系缓和，林分稳定。主要树种与灌木之间的矛盾易于调节，在主要树种生长受到妨碍时可对灌木进行平茬，使之重新萌发。乔灌混交类型多用于立地条件较差的地方，而且条件越差越应适当增加灌木的数量。

主要树种、伴生树种与灌木的混交可称为综合性混交类型，兼有上述三种混交类型的特点。这种类型形成多林层的复层结构，防护效益好，多用于防护林。

（3）选择适宜的混交树种

混交树种泛指伴随主要树种生长的所有树种，包括与主要树种混交的另一主要树种、伴生树种和灌木树种。混交树种选择是营造混交林的重要环节，关系到种间关系是有利为主，还是有害为主。因此，混交树种选择关系到混交的成败和森林三大效益的发挥。选择混交树种的方法主要有借鉴现有混交林的成功经验和借鉴天然林成功的树种搭配。

（4）确定合理的混交比例

混交林中各树种所占的百分比称为混交比例。混交比例直接关系到种间关系的发展趋向、林木生长状况及混交效果、经济效益、生态效益、社会效益的发挥。因此，在营造混交林时应确定合理的混交比例，使混交林后期各阶段的组成符合造林的要求，才能三方面效益兼顾，既取得较高的经济效益，又获得较高的生态效益和社会效益。

（5）选择适当的混交方法

混交方法是指混交林中各树种在造林地上的排列形式。同一比例的混交林，可以采用不同的混交方法。混交方法不同，种间关系的特点和林分生长状况也不相同。混交方法主要有星状混交、株间混交、行间混交、带状混交、行带混交、块状混交、植生组混交。

2.2 造林地清理

2.2.1 造林地清理的方式

（1）全面清理

全面清理是指在整块造林地上全部清除杂草灌木和采伐剩余物的清理方式。使用的清理方法可以用割除、火烧以及化学方法。全面清理的清理效果好，但用工量大。其同时清除了造林地上的所有植被，使造林地失去了保护，易造成水土流失。全面清理仅适用于有比较严重病虫害的造林地、经营集约度相当高的商品林造林地，如速生丰产林。

（2）团块状清理

块状清理是指以种植点为中心呈块状地清理其周围植被或采伐剩余物的清理方式。使用的清理方法主要是割除和化学药剂处理。清理团块一般为圆形，半径为 0.5 米。团块状清理用工量小、成本低，但效果差，在防治病虫害和森林火灾方面更是如此。所以在生产上仅用于病虫害少、杂草灌木稀疏的陡坡造林地，或营造耐阴的树种。

（3）带状清理

带状清理是以种植行为中心呈带状地清理其两侧植被，并将采伐剩余物或被清除植被在保留带（不清理带）堆成条状的清理方式。使用的清理方法主要是割除和化学药剂处理。带状清理能够产生良好的造林地清理效果，同时保留带的存在可以防止水土流失，保护幼苗幼树，提高造林成活率，有利于幼树的生长，在生产上应用广泛。

2.2.2 造林地清理的方法

造林地清理方法就是清理时所使用的手段和措施。可分为割除清理法、火烧清理法、化学清理法和堆积清理法等。火烧清理的利弊尚有争论，应该慎用，在一些地区已经明令禁止。

2.3 造林整地

（1）造林整地

造林整地就是翻垦土壤改善造林地条件的一道造林地整理工序，是造林前处理造林地的重要技术措施。

（2）造林整地季节

选择适宜的整地季节是充分利用外界有利环境条件、回避不良因素，以取得较好整地效果的一项措施。按自然条件的季节变化确定整地季节有：春季整地、夏季整地、秋季整地。春季造林，可在前一年的夏季或秋季整地。

（3）造林整地方式方法

造林整地的方式可以划分为全面整地和局部整地两种。南方雨水较多，全面整地易发生水土流失，所以常用带状整地和块状局部整地方式。

① 全面整地

全面整地是全部翻垦造林地土壤的整地方式。这种整地方式可以全部彻底地清除造林地上的灌木、杂草、竹类，能显著地改善造林地的立地条件，也便于实行机械化作业或进行林粮间作。此种方式费工多、投资大、易发生水土流失，在施工中还会受到地形条件（如坡度）、环境状况（如石块、伐根、更新的幼树等）和经济条件的限制。

全面整地适用于平坦地区，主要是草原、草地、滩涂、盐碱地以及无风蚀的固定沙地。北方草原、草地可实行雨季前全面翻耕、雨季复耕、当年秋季或翌春耙平的休闲整地方法；南方热带草原的平台地，可实行秋末冬初翻耕、翌春造林的提前整地方法；滩涂、盐碱地可在栽植绿肥植物改良土壤或利用灌溉淋洗盐碱的基础上深翻整地。平坦造林地的全面整地与农耕地的整地近似。

全面整地的限定条件是坡度、土壤的结构和母岩。花岗岩、沙岩等母质上发育的质地疏松或植被稀疏的地方，一般应限定在坡度8°以下，土壤质地比较黏重和植被覆盖较好的地方，一般坡度也不宜超过15°。

需要说明的是，无论是在南方还是在北方，全面整地都不宜集中连片。面积过大、坡面过长时，以及在山顶、山腰、山脚等部位应适当保留原有植被，保留植被一般应沿等高线呈带状分布。另外，在坡度比较大而又需要实行全面整地的地方，全面整地必须要与修筑水平阶相结合。

② 局部整地

局部整地包括带状整地和块状整地。

带状整地是在造林地上呈长条状翻垦土壤，并在翻垦部分之间保留一定宽度的原有植被的整地方法。这种方法便于机械化作业，对于立地条件的改善作用也较好，不会造成集中连片的裸露土壤、不宜造成水土流失，而且比较省工。

块状整地就是以种植点为中心成块状翻垦土壤、整理地形的造林整地方式。块状整地灵活性大，较省工，成本低，引起水土流失的可能性小，但改善立地条件的作用也小。适用于各种立地条件，尤其是地形破碎、坡度较大的地段，以及岩石裸露但局部土层尚厚的石质山地、伐根较多的迹地、植被比较茂盛的山地等。山地应用的块状整地有穴状、块状和鱼鳞坑；平原应用的块状整地有块状、坑状、高台等。

2.4 植苗造林

2.4.1 苗木准备

苗木的种类、年龄与规格种类主要有播种苗营养繁殖苗以及容器苗等。如果从对造林技术的影响分析，这些苗木可以按照根系是否带土分为裸根苗和带土坨苗两大类。裸根苗起苗容易，重量小，贮藏、包装、运输方便，栽植省工，应用广泛。但是，裸根苗起苗时容易伤根栽植后遇到不良环境条件常常影响成活。带土坨根系比较完整，栽植后容易成活。但是带土苗重量大，搬运费工、费力。一般营造用材林多用留床或移植的裸根苗。城市与周边绿化一般采用经过移植，多次移植的大规模带土坨或裸根苗。有时在采伐迹利用地更新时也用野生苗。

造林用苗的年龄大小，决定于树种的生物特性、造林地立地条件以及经济条件。年龄小的苗木，起苗伤根小，栽植后缓苗期短。在适宜的条件下，成活率高，育苗年限短，运苗、植苗方便，投资小。在恶劣的条件下，苗木成活受到威胁比较大。年龄大的苗木，对杂草、干旱、日灼、冻害等抵抗能力强，在条件适宜的情况下，成活率高，幼林郁闭早，但是育苗时间长，苗木搬运不方便，投资较大，遇到不良条件下则更容易死亡。因此，造林应该选择适龄苗木，一般营造用材林、防护林时，针阔叶树种的常用苗龄1~3年生。但是某些树种苗龄下可低至几个月，而上限则可增至4~5年生，营造速生丰产林、风景林以及栽植行道林多采用苗龄较大的树苗木。近年来，有些树种造林经常使用根、干异龄苗，如2根1干、3根2干等。这种苗木与根干同龄苗相比，其根系发达，栽植后缓苗期短，成活率高，而且前期生长量较大，是可以在生产上广泛应用的一类苗木。

苗木旺盛的生活力是苗木成活的基础，保持苗木体内水分平衡是植苗造林成活的关键。

如果苗木失水过多,它的生理机能就要受到破坏,苗木就会死亡。可见,保护苗木,尤其是保护苗木根系,对于保持苗木体内的含水率乃至苗木生活力至关重要。

苗木保护的目的在于保持苗木体内的水分平衡,应尽可能地缩短苗木造林后根系恢复的时间,提高造林存活率。苗木从苗圃土壤起出后,在经过分级、包装、运输、贮藏、造林地假植和栽植等工序中必须加强保护,以最大限度地减少水分的散失,同时防止根、芽、茎、叶等受到机械损伤,并防止受热。为此,要按如下要求做好苗木准备工作——

(1)加强苗木包装、运输过程的管理,施工人员要有责任心,在作业过程中采取妥善保管、及时浇水等措施保护好苗木。

(2)要缩短从起苗到栽植各道工序的操作时间,使各道工序紧密衔接,减少根系暴露在空气中的时间。为此应尽可能做到"五随",即随起苗、随选苗、随包装、随运输、随假植、随造林。

(3)苗木分级、包装操作过程要在遮阴、湿润、冷凉的环境中进行,以减少苗木失水。

(4)从起苗到栽植过程中,苗木必须置于带水的或能保持湿润的容器之中。为了保持湿润,要做到"五不离水",即起苗不离水、包装不离水、运输不离水、假植不离水、植苗罐(容器)不离水。

在生产实践中,往往是林场(经营所)将苗木购回,统一在场部把苗木放置于避风避光的房间内,以锯末覆盖,浇透水,进行临时储藏,然后按一天施工的用量分发到每块造林地,在造林地设临时假植场进行临时假植。临时假植场要设在造林地中心,以缩短取、运苗半径。同时假植场一定要离水源近,以方便取水。

我国于1985年颁布的《主要造林树种苗木标准》GB6000-85,对不同树种各类苗木的质量标准及其适用地区都做了明确规定,在造林中必须要严格贯彻执行。

2.4.2 植苗造林季节选择

适宜的栽植造林时机,从理论上讲应该是苗木的地上部分生理活动较弱(落叶阔叶树种处在落叶期),而根系的生理活动较强,因而根系的愈合能力较强的时段。

(1)春季造林

在土壤化冻后苗木发芽前的早春栽植,最符合大多数树种的生物学特性,将对苗木成活有利。所以,春季是适合大多数树种栽植造林的季节。对于春季高温、少雨、低湿的地区,如川滇地区,不宜在春季栽植造林,应在冬季或雨季。

(2)雨季造林

在春旱严重、雨季明显的地区(如华北地区和云南省),利用雨季造林切实可行,效果良好。雨季造林主要适用于若干针叶树种(特别是侧柏、柏木等)和常绿阔叶树种(如蓝桉等),栽植造林成功的关键在于掌握雨情,一般在下过一两场透雨之后,出现连阴天时为最好。

(3)秋季造林

秋季栽植的时机应在落叶阔叶树种落叶后。有些树种,例如泡桐,在秋季树叶尚未全部凋落时造林,也能取得良好的效果。秋季栽植一定要注意苗木在冬季不受损伤。冬季风大、风多、风蚀严重的地区和冻拔害严重的黏重土壤不宜秋植。

(4)冬季造林

在冬季,苗木处于休眠状态,生理活动极其微弱。所以,冬季造林实质上可以视为秋季造林的延续或春季造林的提前。

2.4.3 栽植方法

按照植穴的形状分类有穴植、缝植与沟植三种。穴植的应用最为普遍,是在经过整地的造林地上挖穴栽苗,可以栽植各种苗木,但是功效低,穴的深度大于苗木主根长度,穴宽度大于苗木根幅,使用手工工具或挖坑机开穴,每穴植入苗木一株或多株。缝植是在经过整地或土壤深厚的造林地上,用植树锹开成窄缝,植入苗木后再从侧面挤压,使土壤与苗根密接,此法栽植速度快,可减轻冻害,不足之处是根系常常被挤压变形,一般用于新采伐迹地、沙地栽植针叶小苗。沟植是在经过整地的造林地上,以植树机或犁杖开沟,按照造林植树要求株行距将苗木摆放沟底,再覆土压实,此法具有效率高的特点,但是只能运用于地势平坦的或坡度较缓的造林地。

栽植时,先把苗木放入植穴,埋好根系,使其均匀舒展,不窝根、不能上翘、外露,同时,注意保持深度,然后分层覆土,把肥沃湿润的土壤填入根部,并分层踏实。穴面可视地方不同修整成小丘状或凹状,以利于排水或蓄水。在干旱的条件下,踏实后穴面可再覆一层虚土,或覆盖上塑料薄膜、植物茎秆、石块等,以减少土壤水分的蒸发。栽植容器苗和带土大苗时,除防止散坨外,还要除去根系不易穿透的容器,否则可连容器、包装物一起栽植,覆土后踏实。

第 5 章 森林经营技术

1. 林地抚育管理

林地抚育管理是指提高土壤肥力、改善林木生长环境，对有林地乃至林业用地的综合管理措施，主要包括松土、除草、施肥、灌溉、排水、林地间作、保护林地凋落物等。通过林地管理，改善土壤的水、肥、气、热等条件，提高林地利用率，提高经济效益。

幼林抚育是指在造林后至郁闭前这一阶段时间里所进行的各种技术措施。新造幼林一般要经历恢复(缓苗)、扎根、生长并逐步进入速生的过程。林木在一生中，这是个关键的转折阶段，对以后速生丰产关系极大。同时，这个阶段的幼林基本上处于未成林状态，主要矛盾是林木与外界环境条件之间适应与竞争的矛盾。幼林抚育的根本任务，在于创造优越的环境条件，满足幼树对水、肥、气、光、热的要求，使之迅速成长，达到较高的成活率和保存率并适时郁闭，为速生、丰产、优良奠定良好的基础。因此，幼林抚育管理的内容主要应从土壤管理入手，通过松土、除草，改善土壤理化性质，排除杂草、灌木对幼林的竞争。另外，对林木本身进行必要的抑制调节，如除蘖、平茬、间苗及修枝等，使之迅速健康地成长成林。幼林抚育主是除草、割灌、松土、施肥等技术措施。

1.1 松土除草

1.1.1 松土除草的作用

松土的作用:增加地表与大气的接触，增强土壤的通气性，雨后松土可保墒蓄水;水分过多的可排除过多水分，提高地温。

除草的作用:清除与幼林竞争的各种植物，排除杂草对水、肥、气、热的竞争。

1.1.2 松土除草的方法

松土除草的方式有全面法、带状法、块状法，一般与整地方式相适应，除草应做到"除早、除小、除了"，里浅外深，一般松土除草深度为 5 ~ 15 厘米，加深时可为 20 ~ 30 厘米，也要根据林地的土壤条件进行。

1.1.3 松土除草的年限、次数

一般可连续进行数年,直到幼林郁闭为止。每年松土除草的次数一般是1~3次,可视林分杂草灌木的形态特征和生活习性、造林树种的年生长规律和生物学特性,以及土壤的水分、养分状态而定。

新造林一般采取连续抚育3年、每年抚育2次的方式。第一次抚育安排在4~5月进行,采用全垦穴铲的方法,要求全面铲除杂灌杂草、扩穴松土、培蔸,并结合施肥同时进行。第二次抚育安排在8~9月进行,要求全面斩除杂灌,采用块状深翻,深达10~20厘米,头年稍浅,以后逐年加深。同时结合除蘖、防治病虫害。在抚育过程中,应注重保护珍稀濒危植物,以及有生长的幼树,以有利于调整林分结构。

1.2 割灌与修枝

1.2.1 割灌

在林下木生长旺盛,与林木生长争水争肥严重的幼龄林和中龄林中进行,应重点清除妨碍林木生长的灌木。割灌抚育禁止安排在秋、冬季进行。

1.2.2 修枝

在自然整枝不良、透风透光不畅的林分中进行。一般采取平切法,重点修剪枝条、死枝过多的林木。修枝高度幼龄林不超过树高的1/3,中龄林不超过树高的1/2。

人工幼林阶段一般不进行修枝。但某些树种通过修枝可改善树干质量,减少枝丫,促进干形圆满通直,加快林木生长并减少病虫危害。直干性强的树种,如杉木,郁闭前一般不宜修枝。而多分枝或主干不明显的树种如樟树、相思树等,适时进行修枝、去杈,保留单顶是十分必要的。适当修枝,除去了树冠下部垂死的同化作用低于补偿点(制造养分不够自已消耗)的枝条,可以集中更多养分用于高、径的生长。但如果修枝强度过大,一方面会减少幼树的同化面积,另一方面也会使林地强度透光,从而使杂草滋生,林地条件的变化对林木的生长反而不利。

1.3 林地间作与施肥

1.3.1 林地间作

林地间作又称为林内间作,指在林内间种其他植物,充分利用自然条件,使之形成既有利于目的树种生长,更好发挥林分生态效应,又能增加短期收益的复合型植物群落的营林措施。林地间作可以达到以更代抚、以副促林、一林多用、一地多用的效果。

(1)林地间作的优点

提高林地的光能利用率、更有效地利用地力、保护和提高土壤肥力、促进林木生长、增加经济效益。

（2）林地间作注意事项

必须坚持以林为主;间种作物的特性必须与林内树种的特性错位互补;经营管理是必须注意保护树木。

（3）林地间作的几种形式

林 – 林混交型 用材树种和经济树种混交或经济树种之间混交。常见混交的用材树种有泡桐、杉木、杨树、侧柏;经济林树种有板栗、杏、苹果等。

经典杉木混交模式 杉木属于中性树种,浅根性,喜肥、因针叶养分含量低、分解慢,林地自肥能力差,因此,长期的经营纯林会导致地力衰退、生产力下降,二代难以培育大径材。因此,选择适宜与杉木混交的树种营造混交林,充分利用两者之间的生态互补性,增加造林树种的多样性,提高林地生产能力,对提高杉木人工林生态系统稳定性具有重大意义,也是当前树种结构调整、龄组结构调整、实现林地可持续利用的重要措施之一。

① 杉木 – 枫香混交 枫香属于阳性树种,生长快,深根性,落叶量大,对林地土壤具有较为明显的改良作用。由于枫香生长快,与杉木混交,使枫香拥有更多的生长空间;而枫香为杉木提供适当的遮阴,减少阳光直射,每年大量易分解的落叶,为杉木提供了较为全面的营养元素补充,并改良土壤的物理性质、提高土壤的保水能力,营造了一个更适宜杉木生长的森林小气候。

杉木与枫香混交,建设树种组成比 7 杉 3 枫,杉木以培育中径材为主,枫香以培育大径材为主,即在间伐设计中,在保证林分结构合理的前提下,采用下层间伐法,伐除林分下层的杉木,尽量保留上层的枫香。

② 杉木 – 木荷混交 木荷为山茶科常绿深根系乔木,生长迅速、材质优良,同时落叶量大、分解快、养分含量高,是优良的改土和防火树种。由于木荷的树高、冠幅生长均超过杉木,使林冠呈多层镶嵌郁闭,不仅充分利用了林地立体空间,而且可以为杉木创造良好的遮阴条件,促进林木的生长发育。

我国主要为 8 杉 2 荷,木荷星状分布在林地小班,杉木以培育中、大径材为主,在间伐设计中,采用下层疏伐法,并保障每亩株数在 100 ~ 120 株。

林 – 农间作型 林农间作的农作物要选择矮秆、较耐阴、有根瘤的种类,豆科植物最好。树种要选择冠窄、干通直、根系分布深的树木,如泡桐、杨树、香椿、池杉等。

林 – 牧间作型 指在林分内种植牧草,牧草选择应以苜蓿等豆科类植物为主。

林 – 药间作型 中国的多数中草药都生长在森林内,很多药用植物具有耐阴的特点。例如东北地区林 – 参间作,热带地区橡胶林下间种生姜等都收到了较好的效果。

1.3.2 施肥

林地施肥可以提高土壤肥力,改善幼林营养状况,增加叶面积,提高生物量的积累和缩短成材年限,也是促进林木结实的有效措施。

人工林在生长过程中,要从土壤里吸收大量养料,因此,土壤中养分不足,往往会成为限制幼林生长的因子。低山造杉木林，通过施肥可以成倍地提高生长量。林地施肥的特点是:第一，林木系多年生植物，施肥应以长效肥料为主。第二，用材林以长枝叶和木材为主，施肥应以氮肥为主，但磷也是林木根系生长不可缺少的元素，如果磷不足，也会严重影响林木的生长。幼林时适当增施磷肥，对分生组织的生长、迅速扩大营养器官有着很大作用。第三，林地土壤，尤其针叶林下的土壤酸性较大，对钙质肥料的需要量较多。第四，有些土壤缺乏某种微量元素，在施用氮、磷、钾的同时，配合施入少许的锌、硼、铜等往往对林木的生长和结实极为有利。第五，幼林阶段林地杂草较多，施肥后部分营养物质，常被杂草夺取，只有少量为幼林树所吸收，因此，林地施肥应与除莠剂结合使用较为合适。

施肥数量和方式因林分的立地条件确定，一般用撒施、沟施、穴施、环施、根外施肥等，每株施复合肥 0.1 千克。

1.4 林地抚育管理实例

幼林抚育的技术措施:

(1)集约经营 前三年每年抚育 2 次，造林后第二年开始，连续追肥 3 年，成活率低于 85%的，补植阔叶树。

(2)一般经营 前三年每年抚育 2 次，成活率低于 85%的，补植阔叶树。

表 5 - 1　　　　　　　　　　　森林抚育方式、时间和质量验收标准

类型	抚育方式	抚育时间	抚育质量验收标准
幼林抚育	扩穴	造林当年 5 月中旬前完成	深翻土厚大于 12cm;宽度 1m 见圆;扩穴株数 100%;培土呈圆锥形
	全刈	每年 8 月底前完成	范围内杂灌、芒草全面斩除;伐去非目的树种;伐兜小于 8cm
	全铲	每年 5 月底前或 9 月中旬前完成	全面铲除杂灌芒草;伐去非目的树种;空档率小于 15%;铲土深大于 3cm
	全垦	每年 5 月底前或 9 月中旬前完成	垦土深度大于 12cm;土块呈鱼鳞斑状;伐去非目的树种;空档率小于 5%

表 5 – 2 森林培育经营措施类型

经营措施	经营类型	林分特征	主要经营措施
更新造林	杉木大径材	立地质量Ⅰ级	全面清山、带垦或穴垦、穴规格 30×30×30cm、施基肥 0.25kg、株行距 2×1.5m、与阔叶树星状混交
	杉木中径材	立地质量Ⅱ级	全面清山、带垦或穴垦、穴规格 30×30×30cm、施基肥 0.25kg、株行距 2×1.5m、与阔叶树星状混交
	珍贵阔叶树	立地质量Ⅰ级	全面清山、带垦或穴垦、穴规格 50×50×30cm、施基肥 0.25kg、株行距 2×2m、与杉木带状混交
幼林抚育	杉木大径材	造林后 3 年	补植时间:2~3 月;第一次抚育在 4~5 月,全垦穴铲,全面铲除杂灌杂草、扩穴松土、培蔸,沟施肥 0.1kg;第二次抚育在 8~9 月,全面斩除杂灌,块状深翻,深达 10~20cm,头年稍浅,逐年加深
	杉木中径材	造林后 3 年	补植时间:2~3 月;第一次抚育在 4~5 月,全垦穴铲,全面铲除杂灌杂草、扩穴松土、培蔸,沟施肥 0.1kg;第二次抚育在 8~9 月,全面斩除杂灌,块状深翻,深达 10~20cm,头年稍浅,逐年加深
	珍贵阔叶树	造林后 5 年	补植时间:2~3 月;第一次抚育在 4~5 月,全垦穴铲,全面铲除杂灌杂草、扩穴松土、培蔸,沟施肥 0.1kg;第二次抚育在 8~9 月,全面斩除杂灌,块状深翻,深达 10~20cm,头年稍浅,逐年加深

2. 森林采伐管理

2.1 森林采伐管理的政策规范

基本政策是实行"限额采伐,凭证采伐,凭证运输"制度,实现森林的永续利用。

依据是:《中华人民共和国森林法》《中华人民共和国森林法实施条例》《江西省森林条例》《江西省森林采伐限额管理办法》《江西省木材运输监督管理办法》《江西省生态公益林管理办法》等法规。

2.2 森林采伐类型与采伐方式

根据《江西省森林采伐管理改革政策》的精神,简化采伐限额指标结构。商品林采伐类型由主伐、抚育采伐、更新采伐、低产林改造和其他采伐五种类型,简化为主伐、抚育采伐和其他采伐三种类型;抚育间伐和其他采伐可占用主伐指标。公益林采伐分为更新采伐、抚育采伐和其他采伐三种类型。

森林采伐类型。商品林分主伐、抚育采伐、其他采伐三种类型,公益林分抚育采伐、更新采伐、其他采伐三种类型。

主伐的采伐方式有皆伐、择伐、渐伐三种。

抚育采伐方式:用材林有两种为透光伐、生长伐。生态林有三种为定株抚育、生态疏伐、株间间伐。

2.3 抚育间伐

2.3.1 抚育间伐概念

抚育间伐,又叫抚育采伐,指在未成熟的林分中,根据林分发育、自然稀疏规律及森林培育目标,为了给保留木创造良好的生长环境条件而适时适量采伐部分林木,调整树种组成和林分密度,改善环境条件,促进保留林木生长的一种营林措施。

抚育间伐具有双重意义,既是培育森林的措施,又是获得部分木材的手段,但与森林主伐有着本质的区别。

①目的不同,间伐是培育林木,主伐是取得木材;②采伐年龄不同,间伐是幼、中,近熟林,主伐是成熟林;③间伐有选木问题,主伐有或无;④间伐无更新造林,主伐有更新问题;⑤间伐一般是 2~3 次,主伐是 1 次。

2.3.2 抚育间伐技术指标

(1)开始期　可根据林木年龄和郁闭度来判断。

林木年龄:一般用材林杉木的首次间伐年龄为:中径材集约经营 8~9 年 ,一般经营为 9~10 年。

郁闭度:杉木林分郁闭度达到 0.9,马尾松林郁闭度达到 0.8 时,可进行首次间伐,伐后郁闭度应保留为 0.6 左右。

间伐林分确定:林分郁闭度在 0.8(含 0.8)以上,林分分化明显,自然整枝占树高的 1/3 以上的幼龄林、中龄林,确定为抚育间伐对象。并根据林分的实际情况,确定抚育间伐强度。

(2)间伐强度

株数强度:$PN = n/N \times 100\%$

n 为采伐木株数, N 为伐区总株数 。

蓄积强度:$Pv = v/V \times 100\%$

v 为采伐木蓄积, V 为伐区总蓄积 。

间伐强度一般指蓄积强度 。

分级标准:弱度 15% 以下,中度 16%~25% 。

强度:26%~35% ,极强 36% 以上。

（3）结束期 抚育间伐的结束期一般要进行到主伐利用前的一个龄级为止，如杉木大约在主伐前的 5 年左右，落叶松人工林采伐年龄为 51 年。

（4）施工季节 从全国来说，全年都可进行，但最好在休眠期。我国北方以冬季为好，南方则以秋末冬初至早春树液流动前（休眠期）进行为好。

2.3.3 林木分级

抚育间伐有选木的问题，选木原则是：四看四留，一看树冠，二看树干，三看树种，四看株距；砍小留大，砍劣留优，砍密留稀，砍病腐留健壮。

（1）间伐木的选择

在选择间伐木时，应注意以下几方面：

① 淘汰部分低价值的树种。在混交林中，保留经济价值高和实生起源的目的树种是应遵循的首要原则。但非目的树种有符合下列条件的应酌情保留：若生长不好的主要树种和生长好的非目的树种彼此影响，则应去前者，而保留后者；若因非目的树种的伐去，造成林中空地，引起杂草的滋生和土壤干燥，应适当保留；为了改良土壤，在立地条件较差的纯林中生长的阔叶非目的树种，应适当保留，力求维持混交林状态；对培育干形生长有利的辅助木，应保留。

② 砍去品质低劣和生长落后的林木。为提高森林的生产率和木材质量，应保留生长快、高大、圆满通直、无节或少节、树冠发育良好的林木；而应砍去双杈木、多梢木、大肚木、霸王树及弯曲、多节、偏冠、尖削度大、生长慢等品质低劣和生长势弱的林木。但因伐除这些林木而造成林中空地与其他不良后果时，则应适当保留。

③ 伐除对森林环境卫生有碍的林木。将已感染病虫害的林木尽快除去，凡枯梢、干部受伤、枝叶稀疏、枯黄或凋落立木，应适当砍掉。

④ 维护森林生态系统的平衡。为了给在森林中生活的益鸟和益兽提供生息繁殖场所，应保留一些有洞穴但没有传染性病害的林木，以及筑有巢穴的林木。对于林下的下木及灌木应尽量保留，以增加有机物的积累和转换。

间伐木的选择具体做法是先对林木进行分级，然后采用三级分级法区分采伐木和保留木。根据林木在林内所起的作用以及人们对森林的经营要求划分为三类。

优良木：在生长发育上最合乎经营要求的林木，多数处在林冠上层或中部，但在目的树种被压的情况下，可在林冠下部的林木中选出。

有益木（辅助木）：促进培育木的天然整枝和良好干形的形成，保护和改良土壤。

有害木（砍伐木）：妨碍培育木和有益木生长的林木，大多表现为弯曲木、多头木、枯立木、病害木、被压木。

2.3.4 抚育间伐方式

（1）透光伐（透光抚育）

抚育目的：在幼龄林内进行。按照确定的保留株数，间密留疏，去劣留优，保留珍贵树种和优质树木,调整林分结构。

抚育方法:根据林分特征以及交通、劳力等社会经济条件,选择全面抚育、团状抚育或带状抚育。

选木原则:伐除抑制主要树种生长的次要树种、灌木、藤本、高大的草本植物。一是在纯林或混交林中,主要树种幼林密度过大,树冠相互交错重叠、树干纤细、生长落后、干形不良的植株。二是实生起源的主要树种数量已达营林要求,伐去萌芽起源的植株;在萌芽更新的林分中,萌条丛生,择优而留,伐去其他多余萌条。三是在天然更新或人工促进天然更新已获成功的间伐迹地或林冠下造林,新的幼林已经长成,需要砍除上层老龄过熟木,以解放下层新一代的目的树种。

林分选择:郁闭度0.8以上的幼龄林,且林分生长状况不良或防护效果不佳。

起始期:根据树种特性、林分生长状况、森林经营目的确定透光伐起始期。在幼林郁闭后,目的树种受到非目的树种、灌木、杂草压制时进行透光伐,一般首次抚育年龄以5~6年为宜。

抚育强度:对于天然林,抚育采伐后每公顷均匀保留2400~3600株幼苗幼树,郁闭度或林冠覆盖度不低于0.6。在风雪危害严重的地段首次透光伐的郁闭度一次不得降低0.2。对于人工林,伐除总株数的15%~50%,伐后保留郁闭度0.6~0.7。杨树林按培育的材种确定,抚育采伐后树冠不要再接触。

(2)生长伐

抚育目的:用材林幼林经透光抚育,进入壮龄林阶段后,为了解决目的树种个体间的矛盾,不断调整林分密度,使保留木得以良好生长,并提高木材质量,缩短成材期,实现优质、丰产的目的。

抚育的方法:根据林分结构、林木生长状况确定采用下层疏伐、上层疏伐、综合疏伐或机械疏伐四种方法。

伐除对象:淘汰部分低价值的树种;砍去品质低劣和生长落后的林木;伐除对森林环境卫生有碍的林木。

(3)卫生伐

抚育目的:维护与改善林分的卫生状况,防止病虫害发生蔓延,提高预防森林火灾能力。

抚育方法:定株采伐。

选木原则:主要对遭受病虫害、风折、风倒、冰冻、雪压、森林火灾等灾害的林分开展,清除生态功能明显降低的被害木。

林分选择:受害立木株数大于10%的林分。

卫生伐的起始期、抚育强度和间隔期依据林分受灾情况而定。

(4)生态疏伐

抚育目的:在中龄林内进行。按照有利于林冠形成梯级郁闭、主林层和次林层立木都能受光的要求,伐除受压木和霸王树,保留有益木,改善林分光照、水分、养分生态条件,提高林木生长率和抵御自然灾害能力。

抚育方法:根据林分结构、林木生长状况确定采用下层疏伐、上层疏伐、综合疏伐或机械疏伐四种方法。

选木原则:伐除过密的或受害的林木;或者伐除位于林冠上方的霸王树、上一世代的残留木以及干形不良的优势木。

生态疏伐林分选择:郁闭度 >0.8 的幼龄林,且林分生长状况不良或防护效果不佳。

起始期:根据树种特性、林分生长状况、森林经营目的确定透光伐起始期。

疏伐强度:伐除总株数的 15% ~50% ,伐后保留郁闭度 0.6~0.7。天然林及飞播造林的人工林,首次疏伐每公顷伐后保留 1200~2800 株,郁闭度控制在 0.6~0.7。

间隔期:根据次要树种的萌芽状况确定透光伐间隔期,一般以 3~5 年为宜。

2.3.5 抚育间伐的方法

下层疏伐法:人工林纯林或混交林常采用此法。首先砍伐处于林冠下层生长落后的被压木、濒死木和枯立木,即砍伐在自然稀疏过程中行将被淘汰的林木。

上层疏伐法:适用于阔叶树种混交林,不适用于针叶纯林。主要砍伐林冠上层的林木。砍伐冠幅过于庞大、分权多节、经济价值低、干形不良、无培养前途的上层林木。

综合疏伐法:此法综合了下层疏伐和上层疏伐的特点,可从林木上层和下层选择采伐木。采伐强度有很大伸缩性,疏伐后形成的大、中、小林木都能接受到充足的阳光,形成多级郁闭。此法不适用于人工纯林,但人工混交林均可采用。

机械疏伐法:实施间伐时,间隔一定距离,机械地确定砍伐木。此法基本上不考虑林木的分级和品质的优劣,事先确定砍伐株行距后,不论林木大小统统伐除。当人工幼林初植密度过大、个体分化尚不明显、林分显得过密时,可考虑采用隔行隔株间伐。

2.4 主伐更新

森林主伐更新是指将森林培育成熟时,对成熟林木采伐利用的同时,培育起新一代幼林的全部过程。森林主伐更新概念的提出是人类智慧在林业生产实践上的体现。

森林更新有多种方式,根据更新与采伐成熟林木的先后,可分为伐前更新和伐后更新两类;根据人为参与更新的程度,可将森林更新分为人工更新、天然更新、人工促进天然更新。

在更新质量上,对人工更新,树种选择适地适树,合乎经营要求,当年成活率应当不低于85%;3 年后保存率应当不低于 80%;对天然更新,每公顷要均匀保留目的树种幼树 3000 株以上,或幼苗 6000 株以上,更新均匀度不低于 60% 。

对用材林的成熟林和过熟林实行主伐。主要树种的主伐年龄,按照《用材林主要树种主伐年龄表》的规定执行。定向培育的森林以及表内未列入树种的主伐年龄,由省、自治区、直辖市林业主管部门规定。

一般用材林树种主伐年龄为:杉木 26 年,马尾松 26 年,软阔 26 年,硬阔 41 年。

确定合理年伐量的原则：

(1)林木年伐消耗量应低于年总生长量,用材林年采伐量低于年净增量;(2)经营期末林分单位面积蓄积量应高于经营期开始时的林分单位面积蓄积量;(3)回归年或择伐周期不应少于1个龄级期;(4)主伐对象为达到主伐年龄的用材林林分和杉木萌芽二代林;(5)年采伐量保持适当稳定,使森林资源得到可持续利用;(6)将森林采伐对生态环境的影响降低到最低程度;(7)优先安排抚育间伐、林分改造及过熟林的采伐。

主伐年龄、轮伐期与择伐周期的确定：

各经营类型主伐年龄、轮伐期与择伐周期的确定主要根据当地树种的生长特性、培育目标、立地条件、经营措施等综合考虑,按照《江西省林业厅关于进一步完善林木采伐管理有关政策的通知》(赣林资发[2009]333号)的文件精神,确定各经营类型主伐年龄、轮伐期与择伐周期。其中择伐强度范围为20%~30%,详见表5-3。

表5-3　　　　　　　　　　各经营类型主伐年龄及轮伐期　　　　　　　　单位:年

经营类型名称	经营类型号	主伐年龄	轮伐期	龄级期
集约杉木大径材经营型		21	21	5
集约杉木中径材经营型		21	21	5
集约松木中径材经营型		21	21	5
一般杉木中径材经营型		26	26	5
一般松木中径材经营型		26	26	5
集约毛竹用材经营型				2
集约油茶林经营型				

2.4.1 皆伐更新技术

皆伐更新是将伐区上的林木在短期内一次伐完或者几乎伐完(后者只保留母树)并于伐后采用人工更新或天然更新(母树或保留带天然下种)恢复森林的一种作业方式。

皆伐面积一次不得超过5公顷,坡度平缓、土壤肥沃、容易更新的林分,可以扩大到20公顷,即皆伐连片面积一般不超过300亩。

皆伐更新适于天然林种的单层林、同龄林。适于小径木少的异龄林;对于人工林,大部分实行皆伐更新,特别是速生丰产林。

皆伐迹地一般采用人工更新,皆伐具有采伐方式简单、采伐时间短、出材相对集中,便于进行机械化作业、木材生产成本较低等特点。

2.4.2 择伐更新技术

择伐更新指每隔一定的时期在林分中将单株或成群团状的成熟木采伐,并在伐孔中更新,始终保持伐后林分中有多龄级林木的一种主伐更新方式。择伐强度,人工林不超过

25%、天然林不超过40%、伐后郁闭度不小于0.5。

择伐更新作业的种类：

按经营的集约程度分，择伐可分为集约择伐法和粗放择伐法。

（1）集约择伐法

集约择伐法为集约度高的择伐方法，适用于各种森林公园、风景林及防护林（水源涵养林、水土保持林、护坡林、护岸林等）。

（2）粗放择伐法

粗放择伐的采伐量较大。间隔期较长，偏重于当前木材的利用，至于采伐以后对森林产量与质量的影响则不过多考虑。

2.4.3 渐伐更新技术

渐伐更新是在一定期限内（指一个龄级期以内）将伐区上的全部成熟林木分几次伐完，同时形成新一代幼林的主伐更新方法。渐伐更新法又称称遮阴木法或伞伐法。

渐伐的基本特征是：在采伐的过程中留有较多的母树提供种源，更新效果比较好；渐伐最适合大多数林木均达到采伐年龄的同龄林（包括相对同龄林）中应用；渐伐以后，形成的林分基本上为同龄林，林木间年龄相差不超过一个龄级期。

2.5 低产林采伐

郁闭度在0.3以下、中龄以上的林分；多次破坏的残林和采伐萌芽无培育前景的林分；遭受病虫火雪灾危害等自然灾害，死亡木比重达20%以上的林分；林分基本停止生长，亩均出材量3立方米以下的林分，确定为低产林改造对象。

3. 森林采伐作业设计

森林采伐作业设计主要有准备工作、外业标准地调查、内业设计书编制等三个方面的工作，准备工作主要有设计队伍的组建、伐区资料收集、外业调查物质准备。

3.1 准备工作

3.1.1 森林采伐作业设计资质和资格

（1）设计资质：县级林业调查设计队（县级林业资源监测站）为具有林木采伐作业设计资质的单位。

（2）设计资格：林业技术人员为具有林木采伐作业设计资格的人员。

林木采伐作业设计一定要由林业技术人员进行设计，并经林业调查设计队审核认定。审核认定包括：设计人员的资格及设计的内容（含设计书的文本是否符合，设计的依据是否充分，设计的材料是否齐全，设计的内容是否完整、准确等）。

3.1.2 森林采伐作业设计书文本及适用范围

（1）设计书文本

分林木采伐简易申报卡和林木采伐作业设计书两种。

（2）设计书的适用范围

林木采伐简易申报卡适用于：①蓄积10立方米以下的林木；②散生木（零星林木）；③造林清山柴；④遭受自然灾害林木；⑤抚育间伐10厘米以下的林木；⑥经济林；⑦自用材；⑧毛竹的采伐。

林木采伐作业设计书适用于：①蓄积10立方米以上林木采伐；②10厘米以上抚育间伐；③公益林采伐；④国有林木采伐；⑤其他需要进行设计的采伐。

3.1.3 森林采伐作业设计的资料准备

（1）核实林权证各因子情况，应为无争议林分，林分状况一定要真实可靠。依据最近的二调档案数据，或实地调查数据。

（2）伐区范围一定要实地勾绘。要用1：10000的地形图，在林权所有者的引领下，到采伐小班（山场）实地勾绘。

（3）设计的采伐强度要在规定范围之内，设计的采伐量要符合要求。

3.1.4 森林采伐作业设计的物质准备

（1）准备调查测量所需要的仪器、表格、工具。主要有罗盘仪、皮尺、标杆、测树用钢围尺、林业调查用表、彩色粉笔、白色粉笔、砍刀、带函数运算的计算器。

（2）生活物资的准备，准备外业交通工具。

3.2 外业工作

森林采伐作业设计的外业工作主要是标准地的选设、标准地调查。

3.2.1 标准地的选设

（1）伐区调查必须做标准地，标准地应选择有代表性的位置设置，标准地的原始调查数据必须存档备查。

（2）标准地的选设原则

标准地必须具有充分的代表性；标准地不能跨域林分；标准地不能跨越小河、道路或伐开的调查线，且应离开林缘（至少应距林缘为1倍林分平均高的距离）；标准地内树种、林木密度应分布均匀。

3.2.2 标准地的面积与形状

（1）标准地面积应占伐区面积的2%（人工林面积应占3%）。标准地的周界测量记录及有关伐区材料等另行保存，不附入设计书中，以备查。

（2）标准地可为方形标准地或样园，为能准确核算伐区采伐量，并方便计算，在实践中通常设计为1亩的正方形标准地，标准地每边长25.82米，闭合差不超过52厘米。

3.2.3 标准地每木调查

标准地每木调查是指在标准地内分树种在树高1.3米处测定每株树木的胸径,并按径阶记录、统计的工作。

标准地每木调查起测径阶:标准地内林木5厘米以上的检尺。

标准地伐区出材量求算:将检尺结果记录在每木测量记录表中,根据一元立木材积表求算立木蓄积量,再按江西省林业厅规定标准(杉70%、松65%、阔50%)的出材率计算标准地出材量,通过平均标准地的出材量计算伐区总出材量。

3.2.4 标准地伐区林况调查

标准地伐区林况调查内容主要有:伐区东、南、西、北四至界限,海拔高、坡度、坡向、坡位、母岩、土壤、土层厚度、腐殖层厚、主要下木种类和盖度、林冠下天然更新情况。

3.3 内业编制

森林采伐作业设计的内业编制,以江西省林业厅统一式样《林木采伐作业设计书》为例分别进行抚育间伐作业设计和森林主伐作业设计内业编制。

3.3.1 抚育间伐作业设计内业编制

××县××镇林农××拟对××小班申请进行抚育间伐,伐区面积为××亩,林分情况为××,进行第一次抚育间伐,镇林管站技术人员进行了面积为××的标准地测设,××小班1号标准地周界测量记录表见表5-4。

表5-4　　　　　　　　　　1号小班1号标准地周界测量记录

测站	方位角	倾斜角	视距	水平距	累计
1~2	15°	3°	25.82m	25.82m	25.82m
2~3	105°	13°	26.5m	25.82m	25.82m
3~4	195°	3°	25.82m	25.82m	25.82m
4~1	285°	18°	27.15m	25.82m	25.82m

闭合差:25cm

林木采伐作业设计书

_____县、_____场(乡、镇)、_____年度

（××省林业厅统一式样）

编号:林采设商字(××)第 ×× 号

森 林 类 型 _____

采 伐 类 型 _____

采 伐 方 式 _____

申 报 单 位 _____

设 计 单 位 _____

技术负责人 _____

填报日期：____年 ____月 ____日

一、伐区调查设计说明

(一)进行伐区调查设计的依据

1. 采伐单位(个人)采伐申请,此申请要附入设计书中;

2. 我场"十三五"森林经营方案及县局××年××号文件。

3. 经我场技术人员实地踏查,××小班林分已进入成熟期,林分的年生长量下降,宜对小班进行皆伐更新,提高林地利用率。

(二)伐区位置及立地条件

1. 山场坐落在 _____ 乡镇(林场) _____ 村(分场) _____ 组(林班) _____ 小班宗地号 _____ ,林权证号 _____ 。山场四至:东至 _____ 南至 _____ 西至 _____ 北至 _____ 。

2. 海拔高 _____ m,坡度 _____ ,坡向 _____ ,坡位 _____ 。

3. 母岩 _____ ,土壤 _____ ,厚度 _____ cm,腐殖层厚 _____ cm。

4. 主要下木种类和盖度 _____ 。

5. 林冠下天然更新情况 _____

(三)伐区林况

1. 权属 _____ 地类 _____ ,采伐类型 _____ 采伐方式 _____ 。

2. 优势树种 _____ 平均胸径 _____ cm,平均高 _____ m,林木组成 _____ 。

3. 山场(宗地)面积 _____ 亩,每亩蓄积 _____ m³,总蓄积 _____ m³

5. 郁闭度 _____ ,人工林造林年度或年龄 _____ 。

6. 山场经营情况 _____

(四)实施采伐技术措施与要求

1. 严格按照采伐作业设计要求进行采伐,不得超越"四至"界限采伐。

2. 控制好林地树倒方向,最大限度地保护好林地内阔叶幼树和毛竹。

3. 严格野外用火安全,杜绝工伤事故发生。

4. 伐根不得超过10cm。

5. 伐后及时进行伐区清理,不得有材长大于2m,梢头直径大于6cm的丢弃材。

(五)迹地更新技术措施和要求

1、伐后及时进行伐区清理,清理完成后进行穴状整地。

2、良种壮苗,保证健康苗木上山。

3、做好幼林抚育管理工作,根据林地更新情况适时进行除草、扩穴、除萌和林地施肥工作。

4、做好造林地幼苗管护工作,防止牲畜上山。

填表要求:

1. 采伐作业设计以宗地或小班、细班进行。伐区位置图用 1:10000 地形图勾绘,也可实测伐区平面图。

2. 森林类型:商品林、公益林;采伐类型,商品林分主伐、抚育采伐、其他采伐。公益林分更新采伐、抚育采伐、其他采伐;采伐方式分:皆伐、择伐、渐伐。

3. 皆伐面积每块一般不超过 300 亩。标准地面积应占伐区面积的 2%(人工林面积应占 3%)。标准地的周界测量记录及有关伐区材料等另行保存,不附入设计书中,以备查。

4. 本设计适用:①蓄积 10m³ 以上成片林木采伐;②10cm 以上抚育间伐;③公益林采伐;④国有林木采伐;⑤其他采伐。

设计书一式四份,审批后采伐单位、林业工作站、县林政股、调查设计队各执一份。

二、标准地调查记录

标准地号   标准地面积 ＿＿＿＿ 亩

树种	组成比	平均胸径(cm)	平均高(m)	郁闭度	每亩蓄积(m³)	标准地蓄积(m³)	采伐方式	采伐强度	采伐蓄积		亩平均出材量			每亩采伐剩余物(m³)
									平均每亩	总采伐量	计	规格材	非规格材	
合计														

树种 杉木 标准地每木检尺记录表

径级	立木蓄积（m³）/株）	保留木			采伐木			合计	
		按"正"字记录	计	蓄积（m³）	按"正"字记录	计	蓄积（m³）	株数	蓄积（m³）

三、伐区作业设计明细表

小班号（标准宗地号）	伐区面积（亩）	树种	组成比	平均胸径(cm)	平均树高(m)	采伐方式	采伐强度	采伐蓄积量(m³)		出材量(m³)							
								每亩平均伐量	总采伐量	平均亩数			出材率	总出材量			采伐剩余物
										计	规格材	非规格材		计	规格材	非规格材	
1	伐区综合平均	合计															
		杉															
		松															
		阔															
	1	合计															
		杉															
		松															
		阔															
	2	合计															
		杉															
		松															
		阔															

四、伐 区 位 置 图 及 林 权 证 复 印 件

林权证复印件粘贴	伐区位置图	N↑ 比例:1:10000 图例:

项 目	符 号
场界	— — — —
公路	═══
农田	↓ ↓ ↓
山峰海拔	392.8
小班线	∨
伐区	═══

五、审核审批意见及检查评定意见

乡镇林业工作站审核意见	审核人：　　　　　　　　　　（盖章） 　　　　　　　　　　　　　年　　月　　日
县级以上林业主管部门审批意见	审批人：　　　　　　　　　　（盖章） 　　　　　　　　　　　　　年　　月　　日
伐后监督检查评定意见	经监督检查，该伐区林木采伐许可证号码为： 1.采伐四至： 是否符合批准范围： 2.采伐强度：　　　　%，是否在批准强度之内： 3.采伐面积：　　　　亩，采伐蓄积：　　　　m^3，出材量计　　　　m^3， 其中：杉　　　　m^3，松　　　　m^3，阔　　　　m^3，是否超量： 4.伐区清理：　　　伐蔸高　　　　cm，清杂情况： 5.其他 **结论：** 检查人：　　　　　　　　　　（盖章） 　　　　　　　　　　　　　年　月　日

3.3.2 森林主伐作业设计编制

××县××林场拟安排××小班进行森林主伐,伐区面积为××亩,林分情况为××,进行皆伐,技术人员进行了面积为××的标准地测设,××小班1号标准地周界测量记录表见表5-5。

表5-5　　　　　　　　　　　　××小班1号标准地周界测量记录表

测站	方位角	倾斜角	视距	水平距	累计
1~2	10°	2°	25.82	25.82	25.82
2~3	100°	13°	26.5	25.82	25.82
3~4	190°	4°	25.82	25.82	25.82
4~1	280°	18°	27.15	25.82	25.82

闭合差:26cm。

林 木 采 伐 简 易 申 报 卡

年度 _____

（江西省林业厅统一式样）

编号:林采申设　　字(　　)第　　号

申请人姓名:

林权单位	乡(镇)　　　　村(分场)　　　　组(林班)　　小班号				采伐技术措施
	宗地号　　　　　　　　　　林权证号				
林分状况	山场名称:　,四至:东 南 西 北				
	权 属　　　地 类　　森林类型　　林木组成　　年龄				
	山场(小班或宗地)面积:　亩,立木蓄积　m³,其中:杉 m³,松 m³, 阔 m³,立竹蓄积:　支				
采伐作业设计	采伐类型:采伐方式:采伐面积:　亩,采伐强度(按蓄积):采伐株数:				
	采伐林木蓄积　m³,出材量　m³(其中杉 m³,松 m³,阔 m³), 采伐剩余物　m³,采伐毛竹 支。 采伐时间:自 年 月 日至 年 月 日 分户情况:				
	造林更新:更新单位:　　　更新树种:　　　更新时间:				
林权单位(个人)申请理由	申请人:年月日乡(镇)	林业工作站审核意见	审核人:年月日县级	林业主管部门意见	负责人:年月日

设计人:　　　　设计时间:　　　年　月　日

伐 区 位 置 图

注:森林类型为商品林或公益林，采伐为宗地的要将宗地号和宗地面积填出。

此卡适用:①蓄积 10m³ 以下的成片林木;②散生木(零星林木);③造林清山柴;④遭受自然灾害林木;⑤抚育间伐 10cm 以下的林木;⑥经济林;⑦自用材;⑧毛竹的采伐。

森林采伐伐区拨交卡

（江西省林业厅统一式样）

第一联:存根联

林权单位						
采伐山场名称		林班		小班		宗地号	
四至界线						
采伐面积		采伐类型		采伐方式		采伐强度	
采伐树种		采伐证号		采伐时间			
设计采伐量		蓄积: m³,其中 m³, m³, m³。					
拨交时间		年 月 日					
伐区位置图							
拨交单位			拨交人签字				
接交单位			接交人签字				
采伐单位			采伐负责人签字				

说明:拨交单位为林业局或林业工作站,接交单位为林权单位,采伐单位为承接采伐任务的单位。

4. 森林防火

4.1 森林火灾

森林防火是指森林、林木和林地火灾的预防和扑救。

我国的森林防火方针是"预防为主,积极消灭"。预防森林火灾需要根据森林火灾发生、发展的规律,采取行政、法律、经济和工程相结合的办法,运用科学技术手段进行综合治理,才能最大限度地减少火灾发生的次数。

4.1.1 森林火灾的性质与特征

（1）森林火灾的性质

森林火警:指受害森林面积不足 $1hm^2$ 或者其他林地起火的;

一般森林火灾:指受害森林面积在 $1hm^2$ 以上而不足 $100hm^2$ 的林火;

重大森林火灾:指受害森林面积在 100hm² 以上而不足 1000hm² 的林火;

特大森林火灾:指受害森林面积在 1000hm² 以上的林火。

(2)森林火灾的燃烧类型

地表火:沿林地表面蔓延的林火称为地表火;

林冠火:通常是由地表火遇强风或特殊地形,向上烧至林冠并沿林冠蔓延和扩展的林火;

地下火:在地表以下蔓延和扩展的林火称为地下火。

4.1.2 森林火灾发生的原因

森林可燃物:指森林中的一切有机物质,包括植物、动物、菌类物质等。

氧气(助燃物):森林燃烧需要一定浓度的氧气条件。通常,1kg 木材完全燃烧需要氧气 $0.6 \sim 0.8m^3$,折算为空气大约需要 $3.2 \sim 4.0m^3$ 的空气。

温度:在常温条件下,森林可燃物一般不易燃烧,只有温度达到燃点时可燃物才会燃烧。

4.1.3 森林火源

一般分为自然火源和人为火源两大类。

自然火源:指一种自然现象,常见的有雷击火、枯枝落叶自燃以及树枝摩擦生热产生的自燃现象等,多发生在高纬度地区,约占总火源的1%。

人为火源:是森林火灾发生的主要火源。按性质分为三种:一种是生产性火源,如烧荒、炼山、烧田埂草、烧草木灰、烧秸秆;另一种是非生产性火源,如吸烟、野炊和烤火以及林区焚香烧纸、燃放烟花爆竹;还有一种是坏人故意放火及疯、癫、呆、傻和精神病人管理不当造成的人为火源。

4.2 森林火灾预防技术与措施

4.2.1 森林防火阻隔技术与措施

(1)防火线

防火线的开设原则:在一定线路上,人工清除一定宽度的乔灌木和杂草,形成阻止林火蔓延的地带,称为防火线。防火线一般设在国境线、铁路(公路)两侧、林缘或居民点、贮木场、重要设施、仓库周围等。

开设防火线要尽量考虑现有道路、河流、湖泊、天然或人工障碍物的分布状况,尽量利用这些有利条件,应尽量设在山脊或地势平缓、地被物少、土质瘠薄地带,避免沿陡坡、峡谷穿行。

防火线的开设方法——

机耕法:拖拉机耕翻,适用于地势平缓的边境防火线的开设。

割打法:人工割除杂草、灌木等易燃物质。

化学除草法:化学除草剂,如氯酸钾的 1% ~5% 溶液。

(2)防火森带(灌木带)

防火林带树种必须是抗火性强、适应本地生长的树种,应具备以下生物和生态学特点:枝叶茂密、含水量大、耐火性强;含油脂少、不易燃烧;生长迅速、郁闭快、适应性强、萌芽力强;下层林木应耐潮湿、与上层林木种间关系相互适应;无病虫害寄生和传播;种源丰富、栽培容易,有较高的经济价值。

① 树种选择

乔木类:木荷、冬青、火力楠、红花油茶、杨梅、青冈栎、竹柏等;

灌木类:忍冬、卫矛、油茶、鸭脚木等。

② 防火林带的规格

国界防火林带:50~100m;

林缘防火林带:20~30m;

林内防火林带:20~30m。

③ 防火林带的营造方法

人工营造和改造现有林为防火林带。

(3)营造防火措施

营林防火措施,是指在森林抚育过程中,通过造林、抚育、采伐等措施,调节林分易燃成分,调整林分结构,增强林分抗火性能,从而降低森林燃烧性,预防森林火灾发生的一种绿色防火措施。

措施有:营造针阔混交林,增加难燃植物成分,增强林分抗火性;采用封山育林、人工造林与天然更新相结合,促使形成半天然的针阔混交林以及栽针保阔或改造利用现有阔叶林为阻火林;通过对低产林、疏地林等低价值天然次生林进行改造,加大林分密度,改易燃单层针叶林为针阔混交复层林,改变林内环境,提高林分的抗火性;在针叶幼林地套种耐阴、耐熬的灌木;加强新造林地的幼林抚育管理;引种木耳、蘑菇、竹荪等食用菌。

(4)选择适宜的点火方法

逆风点火,顺风点火,侧风点火,V 形点火。

4.2.2 森林防火行政管理措施

(1)森林防火的宣传教育

在防火期内开展宣传月、宣传周活动;举行各种会议和活动;开展森林防火知识竞赛和有奖征文活动;编印各种宣传材料;建立永久性宣传标志;利用现代传播媒介。

(2)火源管理措施

绘制火源分布图与林火发生图,确定火源管理区,开展火源目标管理。

4.3 森林火灾扑救技术与安全管理

4.3.1 森林火灾扑救的原则和程序

(1)森林火灾扑救的原则

森林火灾扑救的基本原则是"打早、打小、打了"。

（2）扑火的准备工作

为实现"打早、打小、打了"，需要做到"三早""两快""一做到"。"三早"即早准备、早发现、早出动；"两快"即领导要上快，扑火速度快；"一做到"即力争做到小火不过夜。

（3）森林火灾的扑救程序

扑救森林火灾必须要遵循"先控制，后消灭，再巩固"的程序，分阶段地进行。

4.3.2 灭火方法和机具

扑打法：该法使用的工具主要有一号、二号工具；

水灭火法：喷洒水式灭火，人工降雨灭火；

还有土灭火法、风力灭火法、化学灭火法、爆炸灭火法、以火灭火法、航空灭火法。

4.4 森林火灾的调查和统计

4.4.1 森林火灾的调查

（1）火因调查方法

确定初发火区域，查找火因证据，判断火因。

（2）火灾面积调查

火场图测绘，火场面积计算。

（3）林木损失调查

全面每木调查，标准地调查。

4.4.2 森林火灾档案的建立方法

森林火灾档案的建立程序一般按下列步骤进行：调查→收集→归案→整理编目→保管→使用→记载更新。

第6章 林业有害生物防治技术

1. 林业有害生物基础知识

1.1 林业有害生物的概念和种类

林业有害生物，是指对林木有害的任何植物、动物或病原体的种、株（或品系）或生物型，包括害虫、病害、害鼠（兔）和有害植物。按照林业有害生物种类，林业生物灾害可以分为病害、虫害、有害植物、鸟兽害。

（1）林木病害：林木受侵染性病原和非侵染性病原等致病因素的影响，造成生理机能、细胞和组织的结构以及外部形态上发生局部或整体变化。侵染性病原包括真菌、细菌、病毒和线虫等；非侵染性病原指一切不利于林木生长发育的物理或化学因素，如营养不良、土壤水分失调、温度过高过低以及空气或土壤中的有毒物质等。

（2）林木虫害：指林木的叶片、枝条、树干和树根等单一或多个部位被森林害虫取食危害，造成生理机能以及外部形态上发生局部或全体变化的现象。根据昆虫取食危害的部位不同，分为叶部虫害、枝干部虫害、根部虫害和果实虫害。

（3）林木鸟兽害：指林木的幼苗、幼树或林木的根部、干部、枝条或果实遭受兽类（老鼠、兔）、鸟类的啃咬、啄食，影响林木正常生长甚至死亡的现象。其中的鼠害，根据其对林木的危害部位，将其分为地上鼠（如平鼠、花鼠、沙鼠）和地下鼠（如鼢鼠）。

（4）有害植物：已经或可能使本地经济、环境和生物多样性受到伤害（尤其是对特定的森林生态系统造成较大危害），或危及人类生产与身体健康的植物种类，包括寄生性种子植物。

1.2 林业病害基础知识

（1）植物病害与生态环境

植物病害的形成过程是动态的，有一个病理变化的过程。

植物病害必须具备三个条件：

① 有导致发病的原因存在；② 有一系列的病变过程；③ 影响农林业生产，品质、产量受影响。

植物病害的有害是相对的，有时，人们还要利用植物病害，如：

利用病毒病→使植物变色→培育花卉；豆芽→光照不足→培育优质豆芽。

从生物学角度看是生理性病害，但可供人类观赏或食用，不能称之为病害。

在病理学中，把寄生于其他生物的生物称为寄生物。被寄生的生物，称为寄主。任何诱发病害的因素不论是生物的还是非生物的都称为病原物。

导致植物产生病害的因素有生物因素和非生物因素。生物因素包括外来的生物因素，如真菌、细菌、病毒等，以及植物的自身因素。非生物因素主要是指不适宜的环境因素。其中寄主和病原物是形成植物病害的两个基本生物因素。如果没有寄主和病原物的存在，病害也就无从发生，在生物病原物诱发病害的情况下，寄主和病原之间有相互作用，而这种相互作用无不是在外界条件影响下进行的，所以植物病害形成的过程是寄主和病原物在外界条件影响下相互作用的过程，这一过程常用病害三角表示。病害三角在植物病理学中占有十分重要的位置，在分析病因、侵染过程和流行以及制定防治对策时都离不开对病害三角的分析。

（2）植物病害的症状

病状：植物感病后，植物本身所表现的病态。

病症：植物发病后，在病部病原物表现出的形态特征。

症状类型：

由于病原物的种类不同，对植物的影响也各不相同。因此，发病部位和症状表现也千差万别，主要可分为以下几类。

①变色：植物受害后局部或全株失去正常的绿色称为变色。植物绿色部分的叶绿素受抑制呈褪绿或被破坏呈黄化；有的叶绿素形成受抑制，花青素形成过盛，则叶片变红或紫红呈红叶；有的叶片黄绿相间呈花叶。

②斑点：植物的细胞和组织受到破坏而死亡，形成各式各样的病斑。病斑的颜色不一，有褐斑、黑斑、灰斑、白斑等。病斑的形状不一，有圆形、椭圆形、梭形、轮纹形、不规则形等；有的病斑受叶脉限制，形成角斑；有的沿叶肉发展，形成条纹或条斑；有的病斑周围有明显的边缘，有的没有。根、茎、叶、叶柄、果、穗等各部位都可以发生坏死性病斑，造成叶枯、枝枯、茎枯、落叶、落果等。

③腐烂：植物的组织细胞受病原物的破坏和分解可发生腐烂。如根腐、茎基腐、穗腐、块茎和块根腐烂等。腐烂包括干腐、湿腐和软腐。

干腐：细胞组织消解后，组织失水较快，腐烂呈干状态。

湿腐：细胞组织消解后，组织失水较慢，腐烂呈湿润状态。

软腐：植物细胞间的中胶层分解，致使细胞分离、组织崩溃，腐烂后，外形不变。

其中幼苗的根或茎腐烂,直立死亡,称为立枯;幼苗倒伏,称为猝倒。

④萎蔫:土壤缺水,可使植物发生生理性萎蔫。植物的茎或根部的维管束受病原物侵害,大量菌体堵塞导管或产生毒素,影响水分运输,就会引起叶片枯黄、萎凋,造成黄萎、枯萎,以致引发植株的死亡。植株迅速萎蔫死亡而叶片仍呈绿色的称为青枯。

⑤畸形:植物受害后,可以发生增生性病变,生长发育过度,组织细胞增生,病部膨大,产生肿瘤;枝或根过度分枝,产生丛枝、发根等。也可以发生抑制性病变,生长发育不良,使植株或器官矮缩、皱缩等。此外,病部组织发育不均衡,可呈现出畸形、卷叶、蕨叶的状态。

病症类型:

在植物的发病部位上,往往伴随着出现各种颜色和形状不同的霉状物、粉状物、脓状物、颗粒状物、菌核、小黑点、线虫等。这是病原菌在病部表面产生的菌体,是植物侵染性病害的标志之一。

(3)病害对植物的影响

植物的根、茎、叶等对于吸收和输送水分和养分,进行呼吸及光合作用,贮藏营养物质和结实等,构成植物个体发育中一个有机的整体。植物病害对植物的任何部分引起的损伤,都会影响到植物的生长发育,有的还会导致局部或整株死亡。

植物病害对根部的影响。植物的根系是支持植物和吸收水分及养分的重要部分,有不少作物在苗期发生烂根,会引起死苗或使幼苗生长衰弱。有的根尖膨大形成瘤状物,会影响根部的吸收作用,使植株矮黄、生长缓滞。

植物病害对茎的影响。茎是叶、花、果实着生的轴,也是水分和养分运输贮藏的重要部分,或无性繁殖器官。有的萎蔫病会危害寄主植物的维管束,影响水分供应,导致植物萎蔫和死亡。有的茎基部腐烂,会使植株倒伏。

植物病害对叶的影响。叶是植物进行呼吸作用和光合作用的重要部分。叶部发生病害,造成褪绿、变红、黄化、花叶、条纹、皱缩、病斑或焦枯等,都会影响光合作用以致降低作物的产量和质量。有的叶鞘发病,造成叶枯;叶柄发病,造成落叶等。

植物病害对植物的影响是多方面的。少数病害可以影响全株的生长发育,甚至造成死亡。多数病害仅对植株造成局部性危害,然而发生严重的,对产量和质量也有较大影响。

(4)侵染性病害和非侵染性病害

根据病因类型,可以把病害分为侵染性病害和非侵染性病害。非侵染性病害也称非寄生性或生理性病害,侵染性病害又叫传染性病害或寄生性病害。

非传染性病害:

由植物自身原因或不适宜的环境因素引起的植物病害称为非传染性病害。这类病害是不能传染的。

植物生长发育需要良好的环境条件,如条件不适宜甚至有害,例如养分不足、缺乏或不均衡;土壤中的盐类过多、过酸或过碱;水分过多、过少或忽多、忽少;湿度过高,过低或忽高、忽低;光照过强或过弱;环境污染的有毒物质或气体;农产品在运输贮藏期产生的代谢产物——有害气体等,都会影响植物的正常生长发育,诱发非侵染性病害发生。

侵染性病害:

由生物病原物引起的植物病害称为传染性病害,是可以传染的。引起传染性病害的病原物有真菌、细菌、病毒、线虫等。

①植物病原真菌

真菌的种类很多,大部分是腐生的,少数是寄生的,可以引起植物病害。在植物病害中,80%以上的病害都是由真菌引起的。真菌的菌体绝大多数是丝状体,有细胞壁和真正的细胞核,没有叶绿素,不能制造养分,需要依靠寄生或腐生来生存。

真菌所致病害的特点:真菌所致的病害,常在寄主被寄生部位的表面长出霉状物、粉状物等,是真菌性病害的重要标志。

应该注意,在寄主的已死部分有时也生有霉状物。这并不是真正的病原真菌,而是与发病无关的腐生菌。

为了搞清楚真正的致病真菌,就需要把病部在人工培养基上进行分离培养,对病原进行鉴定和进行人工接种。发病后需再分离培养和鉴定病原菌,如所鉴定的病原与原鉴定的一致并能致病,才能证明是真正的致病真菌。

②植物病原细菌

植物病原细菌目前已知的有5个属,40多个种,近200多个致病变种(细菌的变种)。

细菌的性状:细菌的形态有球状、杆状和螺旋状,植物病原细菌是单细胞,杆状。绝大多数都有鞭毛。其长度可以超过菌体或数倍于菌体。鞭毛的有无、着生位置和数目多少是分类的重要依据。

植物病原细菌繁殖是用裂殖方法。当细菌成熟后,在杆状菌体的中部产生隔膜,随后分成两个子细胞,在适宜的条件下,大约每小时分裂一次以至于数次。

植物病原细菌不含有叶绿素,因而是异养的,依靠寄生和腐生生存。所有的植物病原细菌都是死体营养生物,都可在人工培养基上生长繁殖。

在植物病原细菌中,用革兰氏法染色,除棒状杆菌外,其反应都是阴性。这可与伴生的腐生细菌区别开来。

大多数植物病原细菌都是好氧的,以略带碱性的培养基较为适宜。一般适温为26℃ ~30℃,在33℃ ~40℃时停止生长,在50℃10分钟时多数细菌会死亡。

植物细菌病害的发生特点:植物病原细菌都不产生芽孢,也没有特殊的越冬结构,所以初侵染的菌源主要来自:a.带菌的种子、种苗等繁殖材料。许多植物病原细菌可以在种子或种苗内越冬、越夏,而且可以远距离传播。b.病残体。病原菌可以在病残体长期存活,是细菌病害重要的侵染来源。c.田边杂草或其他寄主。d.带菌土壤。病原细菌单独在土壤中存活时间较短,在土壤中的作物残余可存活时间较长。e.昆虫。

细菌侵入途径：主要是通过伤口或植物表面的自然孔口侵入。植物病原细菌都是死体营养生物，它们侵入寄主后通常先将细胞或组织致死，然后从死亡的细胞或组织中吸取养分。

症状：在寄主薄壁细胞或组织内扩展的可引起叶斑、腐烂等症状，有的细菌则在寄主维管束的导管内扩展，引起植株萎蔫，如引起多种植物青枯病的假单胞杆菌，还有的细菌侵入植物后引起寄主细胞进行分裂，体积增大形成肿瘤，如引起根癌病的土壤杆菌。

植物细菌病害常在病部表现水渍或油渍状，在空气潮湿时有的在病斑上产生胶黏状物称为菌脓。

植物病原细菌传播：在田间的传播主要通过雨水、灌溉流水、风夹雨、介体昆虫、线虫等，许多植物病原细菌还可以通过人的农事操作传播。由种子、种苗等繁殖材料传播的细菌病害，主要通过人的商业、生产和科技交流等活动而远距离传播。

细菌流行的因素：一般高温、多雨（尤以暴风雨）、湿度大、氮肥过多等因素均有利于细菌病害的流行。

③植物病原病毒

病毒分布很广，几乎各类植物都有病毒的侵染。病毒危害大，多数引起全株性发病，根据不同植物发生的病毒病害来看，以禾本科、茄科、葫芦科、豆科、十字花科等植物受害较多，病毒引起的病害占第二位。

两类病毒病及其特点

a. 花叶类病毒病：典型症状是深绿与浅绿相交错的花叶症状。此外还有斑驳（黄色斑块较大型）、黄斑、黄条斑、枯斑、枯条斑等。这类病毒基本上分布于植株全身的薄壁细胞中（包括表皮细胞和表皮毛）；很容易由病株汁液通过机械摩擦而侵染。传毒媒介昆虫主要是蚜虫。有些花叶病毒可通过种子传播。

b. 黄化类病毒病：主要症状是叶片黄化、丛枝、畸形和叶变等。病毒主要存在于寄主韧皮部的筛管和薄壁细胞中，所以不能通过机械摩擦由汁液接触而传染。这类病毒病可以通过嫁接和菟丝子传染。媒介昆虫主要是叶蝉、飞虱，其次是木虱、蚜虫、蟥象和蓟马。还没有发现能通过种子传播的。

④植物病原线虫

线虫是一种低等动物。属于线形动物门，线虫纲（Nematoda）。在自然界中分布广、种类多。

形态：植物寄生线虫一般是圆筒状，两端尖。大多数为雌雄同形。体形细小，长为 0.5 ~ lmm，宽为 0.03 ~ 0.05mm。少数为雌雄异型，雌虫为犁形或肾形、球形和长囊状。在线虫的口腔内有口针或轴针，用以穿刺植物，输送唾液并吮吸汁液。

线虫的传播途径：主要借寄主植物的种子及无性繁殖材料等做远距离传播，如小麦粒线虫、粟线虫、甘薯茎线虫等。近距离传播主要通过土壤、流水、人畜活动和农具等，松材线虫则主要是通过松褐天牛借人为活动传播。

寄生方式:不同的线虫,其寄生方式也不同。大多数线虫仅在寄主体外以口针穿刺进植物组织内营寄生生活,称为外寄生;有些线虫则在寄主组织内寄生,称为内寄生;少数线虫则是先进行外寄生然后进行内寄生。

线虫对植物的致病作用:a.用口针刺伤寄主,和线虫在植物组织内穿行所造成的机械伤外;b.主要是线虫穿刺寄主时分泌的唾液中含有各种酶或毒素,造成各种病变;c.传播病害。

线虫病的主要症状:a.植物生长缓慢、衰弱、矮小,色泽失常,叶片表现萎垂等,类似营养不良的;b.局部畸形,植株或叶片干枯、扭曲、畸形、组织干腐、软化及坏死,茎叶上产生褐色斑点,子粒变成虫瘿等;c.根部肿大、须根丛生、根部腐烂等;d.植株死亡,如松材线虫病。

1.3 林业昆虫基础知识

所有的昆虫组成节肢动物门下的一个纲——昆虫纲(Isecta)。所以,昆虫既具有节肢动物所共有的特征,而又具有不同于节肢动物门下其他纲的特征。

昆虫纲的特征:①体躯的环节分别集合组成头、胸、腹三个体段;②头部为感觉器官和取食的中心,具有3对口器附肢和1对触角,通常还有复眼和单眼(复眼1对,单眼3~7个);③胸部是运动的中心,具3对足,2对翅;④腹部是生殖中心,其中包含着生殖系统和大部分内脏,无行动用的附肢(指成虫),但多数有转化成外生殖器的附肢;⑤从卵中孵出来的昆虫,在生长发育过程中,通常要经过一系列显著的内部及外部体态上的变化才能转变为性成熟的成虫。这种体态上的改变称为变态。

昆虫与人类生活有极密切的关系,是使昆虫学成为一门专门学科的重要原因。对人类健康和国民经济直接影响的重要害虫共计10000种。尽管人们以最大的努力进行防治,全世界每年仍有20%的农产品为害虫所毁掉,在热带每年仍有成千上万的人死于由昆虫传带的疾病。但也有些有益的昆虫,如可用以对害虫进行生物防治,或人工繁殖以清除杂草的益虫。在土壤内生活的昆虫能促进腐殖质的形成与土壤的通气,提高土地的肥力。水栖昆虫能作为鱼类的食物,可增进渔业的产量。昆虫本身的产物,如蜂蜜、蜡和丝,早已为人类所利用,至今仍有相当大的经济意义。

(1)昆虫的外部形态特征

由于昆虫对不同的生活环境和生活方式的适应,在演化的过程中经长期自然选择,体躯结构发生了种种变异,不同的类群形态构造差异很大,尽管如此,其基本结构却是一致的。因此,了解昆虫的外部形态特征、掌握其基本结构,对于辨认昆虫,进而利用昆虫消灭害虫都是十分必要的。

①昆虫的头部及其附器

头部是昆虫的第一体段的最前端。着生有1对复眼,1对触角,有的还有2~3个单眼等感觉器官和取食的口器,是昆虫感觉和取食的中心。

昆虫由于食性的不同,取食器官的构造和在头上着生的位置也不相同,头部因之有三种不同的形式。a.下口式：口器位于头的下部，头的纵轴和体躯纵轴垂直。为植食性昆虫所具有。如蝗虫、蝶、蛾类幼虫。b.前口式：口器位于头的前部，头的纵轴和体躯纵轴方向一致。多见于捕食性和钻蛀性昆虫。如步行虫、天牛幼虫等。c.后口式：口器在头的下后方伸出，头的纵轴和体躯纵轴成一锐角，见于刺吸式口器的昆虫。如蝉、蜻、蚜虫等。

各种昆虫因食性和取食方式的不同，口器在构造上有种种不同的类型。取食固体食物的为咀嚼式，取食液体食物的为吸收式，兼食液体食物和固体食物两种食物的为嚼吸式。

各类不同的口器决定了不同的取食方法。咀嚼式口器昆虫必须要将固体食物加以切碎后才能进入肠道。在防治中就应用胃毒剂，但胃毒剂对刺吸式口器的害虫则无效，因之只吸食植物内部的汁液，因而需应用触杀剂。

②昆虫的胸部及其附器

胸部是昆虫的第二体段，由三个体节组成，依次称为前、中、后胸。绝大多数昆虫每一胸节有一对附肢——胸足；多数有翅亚纲成虫在中胸和后胸个有一对翅，称为前翅、后翅。

足和翅都是昆虫主要的行动器官，所以胸部是昆虫的运动中心。中、后胸特称为具翅胸节。

③昆虫的腹部及其附器

腹部是紧接在胸部之后的第三体段，与胸部的连接非常紧密，尽管胸、腹部的界线是明显的。成虫腹部没有运动器官，附肢大多退化。但有与生殖有关的附肢特化成为外生殖器——雄性的抱握器和雌性的产卵器及尾须。腹部里面包藏着主要的内脏器官，所以腹部是昆虫新陈代谢和生殖的中心。

④昆虫的体壁

昆虫体壁也叫外骨骼，是昆虫体表一层坚硬组织，用以保护体内器官，可以分为表皮、真皮、基膜三层。表皮又分为上表皮、外表皮和内表皮三层。上表皮为脂蜡层，能防止体内水分的过分蒸发，也能限制体外水分的侵入。外表皮很坚硬，由几丁质、骨蛋白、色素等合成，是主要支架。内表皮柔软，色淡，逐渐形成外表皮。真皮是细胞层，其中有腺体、感觉器等。

（2）昆虫的个体发育

昆虫的个体发育分为两个阶段，第一阶段在卵内进行的称为胚胎发育，至孵化为止；第二阶段称为胚后发育，从卵孵化开始至成虫性成熟为止。

虫态：昆虫发育的某个阶段，通常指昆虫的卵、幼虫、蛹和成虫。

成虫：昆虫发育的最后阶段。性成熟，能进行交配和产卵，但有些成虫在交配和产卵之前须进行补充营养。

卵：昆虫个体发育的第一个阶段。昆虫的卵受精（也有不受精的）后，卵内的胚胎即开始发育。卵发育成熟后为幼虫。幼虫破卵而出的过程称为孵化。卵从产下至孵化所经历的时间称卵期。

幼虫：昆虫发育的第二个阶段。即从卵孵化至幼虫化蛹的过程。在不完全变态类型中，幼虫也叫若虫和稚虫,它们没有蛹这一发育阶段,从幼虫直接发育为成虫;完全变态幼虫老熟即进行化蛹。昆虫的幼虫期是昆虫生长最快的阶段,有些蛾类幼虫从孵化起至老熟化蛹前止体重增加达万倍。

蛹:完全变态昆虫发育的第三个阶段。是昆虫从幼虫过渡到成虫之间的阶段。幼虫老熟后身体缩短,不食不动,外表逐渐加厚,进行化蛹。有些幼虫化蛹前还有一个时间较短的前蛹期。有些幼虫在化蛹前吐丝作茧或作蛹室,以资保护。蛹发育成熟,即羽化为成虫。

若虫:不完全变态昆虫的幼体,形态与成虫相似,但个体较小,翅及外生殖器尚处于发育阶段,例如蝗虫、蟋蟀和椿象等。

蜕皮:昆虫幼虫身体长大,原有的体壁不能适应继续生长的要求,从头顶上的蜕裂线开裂,脱去旧表皮。每蜕一次皮,幼虫增加一龄。

变态及其类型:昆虫在生长发育过程中,不仅体积有所增大,同时在外部形态和组织等方面也会起变化。从卵孵出来的幼虫期昆虫,同性成熟的成虫相比,总有或多或少的差异,这在外形上就可以看出来。胚后发育过程中从幼期的状态改变为成虫状态的现象,称为变态。昆虫经过长期的演化,随着成、幼虫态的分化、翅的获得,以及幼期对生活环境的特殊适应,发生了不少的变态类型。主要有:增节变态、表变态(或称无变态)、原变态、不全变态和全变态五个基本类型。

不全变态,它只有三个虫期,即卵期、幼虫期和成虫期(成熟期)。成虫期的特征随着幼期的生长发育而逐渐显现,翅在幼期的体外发育。较典型的有直翅目、螳螂目、半翅目、同翅目等。它们的幼虫期与成虫期在体形、触角、眼、口器、足和栖境、生活习性等方面都很相像,所不同者,主要是翅未长成和生殖器官——无论是外生殖器官还是内部生殖器官,都没有发育完全。

全变态:全变态类昆虫具有四个不同虫期——卵、幼虫、蛹、成虫,全变态类的幼虫不仅外部形态和内部器官与成虫很不相同,而且生活习性也常有不同,特别是食性差别常常是十分显著的。如鳞翅目幼虫的口器是咀嚼式的,绝大多数以植物的各部分为食料,并以食料植物作为栖息环境;而它们的成虫是以虹吸式口器吮吸花蜜等液体食物。由于全变态类的幼虫和成虫间有着很多明显的分化,所以幼虫转变到成虫时必须要经过一个将幼虫构造改变为成虫的过渡虫期,这就是蛹期。

(3)昆虫的季节发育

昆虫在自然界中的生活史都具有周期性的节律,即指一种昆虫的生活史总是与环境条件的季节变化相适应的。这种适应性主要表现在对气候条件年变的适应和对食料植物的适应上。也就是说,一种昆虫一年总是在具备其发育繁殖所要求的外界条件(如温度、食物等)时才能成长、发育和繁殖。在不具备这些条件的时候如寒冷的冬季,就停止发育,并以一定的虫期度过不利的季节,在第二年当适合于其发育繁殖的条件出现时,昆虫又会开始这一年的生长、发育和繁殖。

①世代和年生活史

生活史:是指昆虫个体发育的全过程,又称为生活周期。昆虫在一年中的个体发育过程,称为年生活史或生活年史。年生活史是指昆虫从越冬虫态(卵、幼虫、蛹或成虫)越冬后复苏起,至翌年越冬复苏前的全过程。不同昆虫,生活史也不相同。同种昆虫在不同地方或不同季节生活史也不完全相同。

世代:昆虫的生活周期,从卵发育开始,经过幼虫、蛹到成虫性成熟后产生后代的个体发育史,称为一个世代,即一代。换句话说,世代就是昆虫个体发育的全过程。一年发生一代的称为年生一代,一年发生多代的称年生多代。两世代中某些发育阶段相互重叠的现象称为世代重叠。各种昆虫完成一个世代所需时间不同,在一年内完成的世代数也不同,在一年内能完成的世代数也不同。有的昆虫一年只发生一代,如大地老虎、大豆食心虫、梨茎蜂等,就称为一化性昆虫。一年能发生 2 代或更多代的,如三化螟可发生 2 ~ 6 个世代不等,梨小食心虫一年发生 3 ~ 5 代不等,蚜虫类可多达 10 多代或二三十代,这些昆虫都称为多化性昆虫。另外一些昆虫,完成一个世代所需时间很长,往往需要两三年才能完成一代,如金龟子、桑天牛等,最长的甚至有达十多年的,如十七年蝉。由此可见,各种昆虫完成一个世代所需时间的长短很不一致。

②休眠和滞育

昆虫同别的节肢动物一样,在一年的发生过程中,在隆冬或盛夏季节往往有一段或长或短的生长发育停滞的时期,即越冬或越夏。越冬和越夏,笼统地说,只是安全度过不利的环境条件的一种表面现象。但就产生或消除这种现象的条件,以及昆虫对这些条件的反应来讨论,我们可以把这种生长现象划分为休眠和滞育两类。

休眠:休眠常常是由不良的环境条件直接引起的,当不良环境消除时,就可恢复生长了。如温带或寒温带地区秋冬季节的气温下降,食物枯萎,或热带地区的高温干旱季节,都可以引起一些昆虫的休眠。具有休眠特性昆虫,有的需在一定的虫态休眠,如东亚飞蝗,都是以卵期进行休眠的;有的则任何虫态(或虫龄)都可休眠,如小地老虎,在长江以南,成虫、幼虫、蛹均可休眠越冬。

滞育:滞育也可以说是环境条件引起的,但常常不是不利的环境条件直接引起的。在自然情况下,当不利的环境条件还远未到来以前就进入滞育了。而且一旦进入滞育,即使给以最适宜的条件,也不会马上恢复生长发育,所以它具有一定的遗传性。凡有滞育特性的昆虫都各有固定的滞育虫态。

(4)昆虫的习性

昆虫的习性包括昆虫的活动和行为,是昆虫的生物学特性的重要组成部分。

①活动的昼夜节律

节律即有一定节奏的变化规律。昼夜节律则是与自然中昼夜变化规律相吻合的节律。绝大多数昆虫的活动,如飞翔、取食、交配等,甚至有些昆虫的孵化、羽化均有它的昼夜节律,这些都是种的特性，是对该种有利于生长、繁育的生活习性。因此，把在白天活动的昆虫称为日出性或昼出性昆虫，夜间活动的昆虫称为夜出性昆虫，还有一些只在弱光下（如黎明时、黄昏时）活动的则称为弱光性昆虫。蜻蜓、虎甲、步行虫等即日出性昆虫，大多数蛾类则为夜出性昆虫，蚊子是弱光性昆虫。

②食性

即取食的习性。昆虫种类繁多，这同昆虫中食性的分化是分不开的。根据昆虫取食种类的多少，可以分为单食性、寡食性和多食性。根据昆虫取食的对象可以分为植食性（取食植物）、腐食性（取食腐烂物）、捕食性（捕食其他动物）和寄生性（寄生于其他动物）。植食性和肉食性一般分别指以植物和动物的活体为食的食性，而以动植物的尸体、粪便等为食的则均可列为腐食性。有些既吃植物性而又吃动物性食物的（如椿象）则被称为杂食性昆虫。

③趋性

趋性是对某种刺激进行趋向或背向的定向活动。刺激物有多种多样，如热、光、化学物质等，因而趋性也就有趋热性、趋光性、趋化性之分。由于对刺激物有趋向和背向两种反应，所以趋性也就有正趋性和反趋性之分。

对刺激物做出一定的反应是昆虫得以生存的必要条件。趋性就是所做出的反应的一种方式。如，许多昆虫对光有明显的反应，大多数夜出性蛾类有趋光性。趋化性在昆虫寻找食物和找异性交配、找产卵场所等活动中都占有极重要的地位。还有别的一些趋性，如趋地性、趋湿性、趋声性等。不论哪种趋性，往往都是相对的，对刺激的强度或浓度有一定程度的选择。蛾类在夜间有趋光性，但白天光照太强又躲起来了。在性诱惑试验中，过高浓度性引诱剂不但起不到引诱的作用，反而会成为抑制剂。

利用昆虫的趋性来防治害虫或收捕昆虫、采集标本、检查检疫昆虫等，是昆虫研究中比较重要的手段。

④假死性

某些昆虫的成虫或幼虫对外界刺激会产生一种特殊的反应，这种反应表现了昆虫对自身的保护性，也是这类昆虫避敌的一种重要手段，这就是昆虫的假死性。如一些金龟子、象虫的成虫，尺蠖类的幼虫，在受到突然震动时会立即呈现出一种麻痹状态，对于一切运动立即表现出反射性的抑制，从树上掉落到地面，即所谓假死性。这种反应一般都是有"目的"的、对其自身有利的，因此在自然选择的过程中被保留下来——这种反应使它们能够逃避危险。但在害虫防治上，我们可以利用它们的假死性将其从树上震落下来，达到集中消灭的目的。

⑤群集和迁移

群集性是同种昆虫的大量个体高密度地密集在一起的习性。许多昆虫具有群集习性，而群集方式则并不完全相同。有一些是临时的群集，另有一些则永久地群集。前者只是在某一虫态和一段时间内群集在一起，过后就分散；而后者则是终生群集在一起。农业害虫大量群集必然会造成很大的危害，如果掌握了它们的群集规律，则群集本身就为我们集中消灭害虫提供了方便。如马铃薯瓢虫、榆兰叶甲等都有群集越冬的习性。

迁移是指某些具有季节性群集的昆虫，如瓢虫类，叶甲等，秋末自田间地头大批迁移至森林、灌木或各地，在落叶或杂草中越冬，第二年春天又分散到田野中。昆虫的群栖现象与其向新地区的迁移有关，像东亚飞蝗，即便到成虫期也不会向四侧飞散，而仍聚集在一起，并常常成群迁飞。

研究害虫的群集性在农林业生产中是很重要，之所以如此，在于很多有群集性的昆虫还同时具有成群迁移的习性，这是造成害虫扩大危害的重要问题。像东亚飞蝗、黏虫都是有群集迁移特性的害虫，对这样的害虫就需要有全国性的测报和防治对策。

⑥拟态和保护色

拟态：是指一种动物与另一种动物很相像，因而获得了保护自己的好处的现象。好像是一种动物在模拟另一种动物似的。

保护色：是指某些动物具有同它的生活环境中的背景相似的颜色，这有利于躲避捕食性动物的视线而获得保护自己的效果。如旱草地上的绿色蚱蜢，栖息在树干上的翅色灰暗的夜蛾类昆虫，有许多还随环境颜色的改变而变换身体的颜色。

（5）常见林业昆虫分类（见表6-1）

表6-1 农林昆虫常见目比较

常见目	口器类型	翅的类型	变态类型	代表种
直翅目	咀嚼式	前翅复翅 后翅膜翅	不全变态	蝗虫、蟋蟀
等翅目	咀嚼式	前后翅均为膜翅	不全变态	白蚁
半翅目	刺吸式	前翅半鞘翅 后翅膜翅	不全变态	蝽
同翅目	刺吸式	后翅膜翅	不全变态	蝉、蚜虫、介壳虫
缨翅目	锉吸式	前后翅均为缨翅	全变态	蓟马
脉翅目	咀嚼式	前后翅均为膜翅	全变态	草蛉
鳞翅目	幼虫咀嚼式 成虫虹吸式	前后翅均为鳞翅	全变态	蛾、蝶
鞘翅目	咀嚼式	前翅鞘翅 后翅膜翅	全变态	金龟子、瓢虫

2. 林业有害生物调查基础知识

2.1 常用取样方法

有害生物取样方法较多，常用的五种方法如下。

（1）五点取样法：从标准地四角的两条对角线的交驻点，即标准地正中央，以及交驻点到四个角的中间点等5点取样,或者是在离标准地四边4~10步远的各处随机选择5个点取样。该取样方法是应用得最普遍的方法之一,当调查的总体为非长条形时都可以采用这种取样方法。

(2)对角线取样法:调查取样点全部落在标准地的对角线上,可分为单对角线取样法和双对角线取样法两种。单对角线取样方法是在标准地的某条对角线上,按一定的距离选定所需的全部样点。双对角线取样法是在标准地四角的两条对角线上均匀分配调查样点取样。两种方法可在一定程度上代替棋盘式取样法,但误差较大些。此方法适用于面积较大的方形或长方形地块。

(3)平行线取样法:在标准地内每隔若干行取一行或数行进行调查。本法适用于分布均匀的病虫害调查,调查结果的准确性较高。

(4)棋盘式取样法:在标准地内按照纵横间隔等距离进行取样的方法。取样点在林间的分布呈棋盘格式。

(5)"Z"字形取样法:在标准地相对的两边各取一平行的直线,然后以一条斜线将一条平行线的右端与相对的另一条平行线的左端相连,各样点连线的形状如同英文字母"Z"。此法适用于在标准地的边缘地带发生量多,而在标准地内呈点片不均匀分布的林业有害生物调查。

2.2 常用调查方法

根据林业有害生物的习性选择合适的调查方法。

(1)阻隔法:利用松毛虫幼虫具有早春经过树干上树取食松树针叶,晚秋经过树干下树越冬,食性单一的习性,通过在树干设置阻截障碍或触(毒)杀,从而达到掌握虫口密度或防治害虫的目的。阻隔法目前主要有四种,在实际监测调查和防治中,可因地制宜选用其中任意一种方法或两种方法相结合。

①塑料环(碗)法:在越冬幼虫上(下)树前,在固定标准地的标准株胸高处,间隔缠绕宽5厘米的塑料环(下树期用塑料碗)两圈,每天定时检查塑料环下(碗上)的幼虫数量,检查完后将环下(碗上)的幼虫放于环上(碗下),连续观察至无幼虫上、下树时止。每天记录上、下树幼虫的数量。

②毒笔法:将触杀性强的农药加入石膏等填加剂制成粉笔状的毒笔,在树干画一闭合环,使松毛虫上下树时接触毒环,中毒死亡,每天记录中毒死亡的幼虫数。

③毒纸环法:将纸条浸入配制好的药液中制成毒纸,将毒纸围在树干上成闭合环,松毛虫上下树时会接触毒纸死亡,每天记录中毒死亡的幼虫数。

④喷毒环法:用小型喷雾器将配制好的药液在树干上喷一闭合环,触杀上下树的松毛虫,每天记录中毒死亡的幼虫数。

(2)震落法:对于一些具有假死性的昆虫,例如一些鳞翅目幼虫、甲虫和部分象甲虫可以采用震落法调查。具体做法是在树冠垂直投影面积内的地面上铺塑料布,震动树干,使害虫落于塑料布上,然后统计并记录塑料布上的虫口数量。

(3)标准枝法:在树冠的上、中、下层,分别从东、西、南、北四个方向剪取一个50厘米长的标准枝,统计标准枝上的虫口数量,整株树的枝条盘数与12个标准枝的平均虫口数的乘积即为标准株的虫口密度。

(4)直查法:直接调查虫口数量,直接查数法适用于被害树木矮小、目标害虫体型大且不爱活动的虫种以及症状比较明显的病害调查,例如松毛虫蛹、鞘蛾、杨树烂皮病等。

(5)捕捉法:对一些迁飞性昆虫可以进行定期网捕,对趋光性昆虫可使用黑光灯进行诱捕,病害孢子可以用孢子捕捉器进行捕捉,并统计捕捉到的数量,例如黏虫、舞毒蛾成虫的调查及落叶松早落病孢子飞散量的调查都可以采用捕捉法进行调查。

3. 林业有害生物防治基础知识

我国是林业有害生物发生比较严重的国家,目前共有森林病、虫、鼠、有害植物等种类8000余种,其中形成灾害的有100余种。从20世纪50年代至80年代,我国林业有害生物发生面积呈每10年翻一番的态势。50年代年林业有害生物发生面积85.77万 hm^2,60年代有144.26万 hm^2、70年代有365.26万 hm^2、80年代有847.29万 hm^2。其后,全国每年林业有害生物发生面积均在800万 hm^2 左右。

广义的有害生物防治(即"大防治"),包括检疫、监测、灾害治理(即"小防治")。检疫是第一道防线,对有害生物进行风险分析,确定风险等级,严禁Ⅰ级和Ⅱ级林业有害生物出、入境,确保本土生态安全和不对境外造成生物入侵。监测是第二道防线,对境内森林生态系统健康状况实施监测,及时发布健康状况预警预报,为有害生物治理提供防治策略。有害生物治理一方面要对已经发生的有害生物进行治理,另一方面还要采取营林措施维护森林生态系统的稳定,防止有害生物的发生。

3.1 生物防治

生物防治是利用有益生物及其产物控制有害生物种群数量的一种防治技术。简单地说就是以一种生物控制另一种生物。其主要方式有:一是利用天敌昆虫防治害虫。如释放赤眼蜂防治玉米螟,用七星瓢虫和草蛉防治蚜虫等;二是利用细菌、真菌、病毒等微生物侵染害虫,致使害虫死亡,如生产上大量应用的苏云金杆菌、核多角体病毒;三是利用微生物的代谢产物防治林木病虫,如广泛使用的制剂有多抗霉素、井岗霉素、阿维菌素等。

白僵菌是一种虫生真菌,因其侵染害虫呈白色僵死状,称为白僵虫。在生产上得到了广泛应用。

苏云金杆菌是一种广谱性细菌杀虫剂,能防治上百种害虫,对鳞翅目害虫特别有效,如松毛虫、尺蠖、天幕毛虫等,对人畜安全,不伤害天敌,并且对植物无药害。

3.2 物理机械防治

物理机械防治是指用物理或机械的方法消除虫(鼠)害的一种防治方法,内容包括——

(1)捕杀:如剪虫瘿、摘砸卵块、夹鼠等。

(2)阻隔:如捆毒绳、上胶环、扎塑料布等阻隔害虫上、下树。

(3)诱杀:包括潜所诱杀、食物诱杀、灯光诱杀、性信息素诱杀和颜色诱杀等几种方法。

①潜所诱杀:就是利用某些害虫越冬或日间隐藏的习性,人为地制造适于害虫栖息的环境或场所,诱使害虫集聚后集中消灭。如苗圃管理过程中经常利用树叶和菜叶设置潜所诱引地老虎等幼虫,在树干基部束扎稻草或麦秆诱引美国白蛾和松毛虫等蛾类幼虫,在害虫越冬或化蛹时集中杀灭。

②食物诱杀:将食物做成诱饵或毒饵,如在苗圃地中用糖醋液诱杀地老虎等夜蛾类成虫,在林内用饵木诱引小蠹虫,在竹林内放置加药的尿液诱杀竹蝗等。

③灯光诱杀:用黑光灯、碘钨灯、篝火和高压灭虫电网等诱杀各类害虫的成虫。

④性信息素诱杀:在人工合成的性引诱剂中加入农药进行诱杀,已经开发成功并进行商业化生产的性诱剂有云杉八齿小蠹、舞毒蛾、白杨透翅蛾、美国白蛾、松毛虫和日本松干蚧等害虫的性引诱剂。

⑤颜色诱杀:利用某些昆虫的视觉趋性制作不同颜色的胶板,黏附并杀灭害虫。很多鳞翅目昆虫都有趋向黄色的习性,故可以在林中设置黄色胶纸板诱捕刚羽化的落叶松球果花蝇成虫等。

(4)高温处理:利用高温杀死害虫或病原菌。例如,用高频电波杀灭害虫、用热水浸种消灭某些种实象甲和病原菌、用火烧落叶防治落叶松落叶病等。

(5)放射性元素处理和其他新技术的应用:主要是应用放射能直接杀死害虫或者降低害虫的繁殖能力,达到防治害虫的目的。例如,利用同位素或射线处理害虫、微波杀虫和紫外线灭菌等。

3.3 化学防治

应用有毒的化学物质(总称化学农药)来消灭病虫害的方法。化学防治具有效率高、见效快、受地域和季节的限制小等优点,但化学农药使用不当可能会引发植物药害和人畜中毒。

(1)常用农药的分类

按照农药所含的成分分为以下四种。

有机农药:又叫有机合成农药。主要是用有机合成原料如苯、醇、脂肪酸和有机胺等经过人工加工合成。根据结构组成的不同,化学农药可以分为有机氯农药、有机磷农药和有机氮农药等,如西维因、杀虫脒、托布津和多菌灵等。

无机农药:又叫矿物性农药,是用矿物原料经加工制造的。其主要成分有砷、氟、硫等化合物，如硫黄、波尔多液等。

植物性农药：以植物源成分制作而成的杀虫剂，其有效成分主要是生物碱（如烟草中的烟碱、百部中的百部碱等）和配糖体，这些物质在昆虫体内经过化学作用变为有毒物质，从而起到杀灭害虫的作用。植物性农药使用较为安全，对人畜无害或毒力很小，对植物没有药害，是值得大力提倡和推广应用的农药。

微生物农药：用微生物或其代谢产物制造的农药，有效成分是孢子或抗生素，如白僵菌、春雷霉素等。微生物农药的突出特点是使用安全，对人畜无害，而害虫不会产生抗药性。

根据不同的用途一般可分为以下 7 种类型。

杀虫剂：是用来防治各种害虫的药剂，有的还可兼有杀螨作用，如敌敌畏、乐果、甲胺磷、杀虫脒、杀灭菊脂等农药。它们主要通过胃毒、触杀、熏蒸和内吸四种方式起到杀死害虫作用。

杀螨剂：是专门防治螨类（即红蜘蛛）的药剂，如三氯杀螨砜、三氯杀螨醇和克螨特农药。杀螨剂有一定的选择性，对不同发育阶段的螨防治效果不一样，有的对卵和幼虫或幼螨的触杀作用较好，但对成螨的效果较差。

杀菌剂：是用来防治植物病害的药剂，如波尔多液、代森锌、多菌灵、粉锈宁、克瘟灵等农药。主要起到抑制病菌生长，保护农作物不受侵害和渗进作物体内消灭入侵病菌的作用。大多数杀菌剂主要是起保护作用，预防病害的发生和传播。

除草剂：是专门用来防除农田杂草的药剂，如除草醚、杀草丹、氟乐灵、绿麦隆等农药，根据它们杀草的作用可分为触杀性除草剂和内吸性除草剂，前者只能用于防治由种子发芽的一年生杂草，而后者则可以杀死多年生杂草。有些除草剂在使用浓度过量时，草、苗都能杀死或会对作物造成药害。

植物生长调节剂：是专门用来调节植物生长、发育的药剂，如赤霉素（920）、萘乙酸、矮壮素、乙烯剂等农药。这类农药具有与植物激素相类似的效应，可以促进或抑制植物的生长、发育，以满足生长的需要。

杀线虫剂：适用于防治蔬菜、草莓、烟草、果树、林木上的各种线虫。杀线虫剂由原来的有兼治作用的杀虫、杀菌剂发展成为一类药剂。目前的杀线虫剂几乎全部是土壤处理剂，多数兼有杀菌、杀土壤害虫的作用，有的还有除草的作用。按化学结构可分为四类，即卤化烃类、二硫代氨基甲酸脂类、硫氰脂类和有机磷类。

杀鼠剂：杀鼠剂按作用方式可分为胃毒剂和熏蒸剂。按来源分为无机杀鼠剂、有机杀鼠剂和天然植物杀鼠剂。按作用特点分为急性杀鼠剂（单剂量杀鼠剂）及慢性抗凝血剂（多剂量抗凝血剂）。

（2）常用药械的分类

按使用范围分为：

①苗圃及林内喷药用。如喷粉机、喷雾弥雾机、超低量喷雾机和喷烟机等。

②仓库熏蒸用。如烟雾机、熏蒸器等。

③种子消毒用。如浸种器、拌种机等。

④田间诱杀用。如黑光诱虫灯和一般诱虫器具。

按配套动力分类：

①手动药械：手动喷粉器、手摇拌种机、手动喷雾器、手动超低量喷雾器。

②机动药械：如机动喷粉机、机动喷雾机、机动弥雾机、电动超低量喷雾机、机动背负超低量喷雾机、机动烟雾机、拖拉机悬挂喷雾机、拖拉机悬挂喷粉机、飞机喷雾机、飞机喷粉机、飞机超低量喷雾机和机动拌种机等。

农药的合理使用：

①对症下药。各种农药的性能不同，防治对象也不同。每种药剂都有它的一定特效范围，应针对不同防治对象选用合适的药剂进行防治，这样才能得到应有的防治效果。

②适时施药。要掌握病虫防治的关键时机，在预测预报和调查研究的基础上确切了解病虫发生发展的动态，抓住薄弱环节，做到治早治小，才能达到理想效果。

③交互用药。长期使用一种农药防治一种害虫或病害，易使害虫或病菌产生抗药性，降低防治效果。一种害虫或病原菌抵抗一种药剂，往往对同一类型的其他药剂也有抗性。但不同类型的药剂由于对害虫或病菌的毒杀作用不同，害虫或病菌就会不表现出抗药性。经常轮换使用几种不同类型的农药，是防止害虫和病菌产生抗药性的有效措施。

④混合用药。将两种或两种以上对害虫或病菌具有不同毒理作用的农药混合使用，可以同时兼治几种病、虫，这是扩大防治范围，提高药效，降低毒性，抓住防治有利时机，节省劳力的有效措施。混合用药一定要注意哪种药与哪种药是不能混用的，否则会发生错误。

⑤安全用药。包括防止人、畜中毒，环境污染和林木药害。各种农药，尤其是剧毒农药，在生产、运输、贮存和使用过程中都必须严格遵守有关规定，了解剧毒农药中毒症状及急救治疗方法，认真做好安全工作。

4. 主要林业有害生物的识别及防治方法

4.1 松材线虫病

松材线虫病是一种松树毁灭性病害。寄主有赤松、黑松、马尾松、黄松、火炬松、湿地松、琉球松、白皮松等松属植物，传媒昆虫主要是松褐天牛。松材线虫通过松褐天牛补充营养的伤口进入木质部，寄生在树脂道中。在大量繁殖的过程中，移动并逐渐遍及全株，导致树脂道薄壁细胞和上皮细胞的破坏和死亡，造成植株失水，蒸腾作用降低，树脂分泌急剧减少和停止，表现出来的外部症状是针叶陆续变为黄褐色乃至红褐色，萎蔫，在嫩枝上可见松褐天牛啃食树皮的痕迹。后期表现为针叶黄褐色至红褐色，整株死亡。林间松材线虫病的初发病时间一般在5月底至6月初，7～8月是松材线虫病的发病高峰。

松褐天牛成虫:成虫体呈黄色至赤褐色,触角栗色,雄虫触角超过体长1倍多,雌虫触角约超出1/3。前胸背板有2条相当阔的橙黄色纵纹,与3条黑色绒纹相间,每一鞘翅具5条纵纹。

防治方法:防治松材线虫病,只要切断寄主、病原、传媒三者的任何一环,就能达到控制的目的。主要采用改造林分和清除病死树,同时也采取一些化学和生物手段防治松褐天牛。其主要防治方法有:

(1)皆伐重病松林和孤立发病松林,并采用熏蒸、热处理或切片等方法杀死病木中的松褐天牛,以防松褐天牛羽化后造成疫情的扩散蔓延。

(2)间伐发病松林中的病死树,对病材、病枝、根桩等采用熏蒸、热处理或切片等方法杀死松褐天牛,杜绝疫情扩散。

(3)对重点保护区,可以皆伐周围的松林,建立防治隔离带。

(4)对发生区实施检疫封锁,严禁未经处理的病材等运到未发生区,以杜绝疫情的扩散。

(5)在松褐天牛的羽化期,喷洒药剂杀灭成虫或设置诱木诱杀成虫。

(6)喷洒化学药剂、释放肿腿蜂或者施放白僵菌等防治松褐天牛幼虫。

对于松材线虫病的防治,应该重点注意以下几个环节:一要把好检疫封锁关,这是防止松材线虫病传入或远距离传播的重要手段;二要搞好监测工作,早发现,早治理,在疫情发生面积小、危害程度轻的时候进行防治,把松材线虫病消灭在萌芽状态之中;三要及时彻底清理病死树,在传媒昆虫羽化前就把病死树全部清理干净,病树的干材、枝丫和根桩都要清理干净并进行除害处理,杀死其中得线虫和传媒昆虫,防止再次传播危害。

4.2 松毛虫

松毛虫是我国常发性松树食叶害虫,具有分布广、危害重的特点。主要种类有马尾松毛虫、落叶松毛虫、油松毛虫、赤松毛虫、云南松毛虫、文山松毛虫和德昌松毛虫等七种,以幼虫取食针叶,致使整个林分针叶枯黄焦黑,犹如火烧过一般。

防治方法:

(1)营林技术措施

①营造混交林 在常灾区的宜林荒山,遵照适地适树的原则营造混交林,在常灾区的疏残林,保护利用原有地被物,补植阔叶树种。在南方可选用栎类等壳斗科和豆科植物,以及木荷、木莲、木楠、樟、桉、槭、枫香、紫穗槐、杨梅和相思树等,在北方可选用刺槐、沙棘、山杏、大枣等。林间要合理密植,以形成适宜的林分郁闭度,创造不利于松毛虫生长发育的生态环境,建立自控能力强的森林生态系统。

②封山育林 对林木稀疏、下木较多的成片林地,应进行封山育林,禁止采伐放牧,并培育阔叶树种,逐步改变林分结构,保护冠下植被,丰富森林生物群落,创造有利于天敌栖息的环境。

③抚育、补植和改造 对郁闭度较大的松林加强松林抚育管理，适时抚育间伐，保护阔叶树及其他植被，增植蜜源植物。对现有纯林、残林和疏林应保护林下阔叶树或适时补植速生阔叶树种，逐步诱导、改造为混交林。

（2）生物防治措施

①白僵菌防治 南方应用白僵菌防治马尾松毛虫可在越冬代的 11 月中、下旬或次年 2～4 月放菌，其他世代（或时间）一般不适宜使用白僵菌防治，施菌量每亩 1.5 万亿～5.0 万亿孢子。北方应用白僵菌防治油松毛虫或赤松毛虫，需在温度 24℃以上的连雨天或露水较大的季节进行，施菌量应适当增加 3～4 倍。

施用方法：采用飞机或地面喷粉、低量喷雾、超低量喷雾或地面人工放粉炮。预防性措施亦可采用人工敲粉袋和放带菌活虫等方法。

② 苏云金杆菌（Bt）防治 应用苏云金杆菌防治松毛虫，一般防治 3～4 龄幼虫，适宜温度为 20－32℃，施菌量每亩 40～80 万国际单位（IU），但多雨季节应当慎用。

施用方法：喷粉、地面常规或低量喷雾、飞机低量喷雾，喷雾剂中可同时加入一定剂量的洗衣粉或其他增效剂。

③质型多角体病毒（CPV）防治 用围栏或套笼集虫集卵增殖病毒、人工饲养增殖病毒、离体细胞增殖病毒或林间高虫口区接毒等方法增殖病毒，收集病死虫，提取多角体病毒并制成油乳剂、病毒液或粉剂。使用时可在病毒液中加入 0.06% 的硫酸铜或 0.1 亿孢子/毫升的白僵菌作为诱发剂，每亩用药量 50 亿～200 亿病毒晶体。

施用方法：采用飞机或地面低量喷雾、超低量喷雾或喷粉作业。

④招引益鸟 在虫口密度较低林龄较大的林分，可设置人工巢箱招引益鸟，布巢时间、数量、巢箱类型根据招引的鸟类而定。

⑤释放赤眼蜂 繁育优良蜂种，在松毛虫产卵始盛期，选择晴天无风的天气分阶段林间释放，每亩 3 万～10 万头。亦可使赤眼蜂同时携带病毒，提高防治效果。

（3）人工（物理）防治

可采用人工摘除卵块或使用黑光灯诱集成虫的方法降低下一代松毛虫虫口的密度。

（4）植物杀虫剂防治

1.2% 烟参碱乳油与柴油 1:20 比例混合地面喷烟防治幼虫，用量每 $hm^2$6L；2% 烟参碱粉剂与滑石粉 1:25 比例混合地面喷粉，用量每公顷 22.5kg；1.2% 烟参碱乳油常量喷雾每公顷 750～1500g，飞机超低量喷雾每公顷 150～225g。

（5）仿生药剂防治

使用灭幼脲（每亩 30g）或者杀铃脲（每亩 5g）等进行飞机低容量或超低容量喷雾防治，或者采用地面背负机进行低容量或超低容量喷雾，重点防治小龄幼虫。地面用药量比飞机喷洒增加 50%～100%，在松树被害严重、生长势弱的林地，可一并喷施少量的尿素（约每亩 50 克）。

（6）化学药剂防治

从原则上讲，松毛虫防治不使用化学农药喷雾、喷粉或喷烟。若必须要采用，则应当选择适当的药剂并且在松毛虫发生初期进行，迅速压低虫口。在北方，可以在春季上树和秋季下树前，对下树越冬的松毛虫采取在树干涂药、毒纸、毒绳等方法杀灭下树越冬和上树的幼虫。

（7）自然防治法

对于虫口密度大松叶被害率达70%以上，但松毛虫被天敌寄生的比率较高，且虫情处于下降趋势的被害林地，不宜进行药物防治。另外，在安全区和偶灾区小面积发生时也不宜进行药物防治，可任其自然消长，以达到自然控制的效果。

4.3 黄脊竹蝗

黄脊竹蝗俗称竹蝗，主要危害毛竹，其次危害刚竹、水竹等。当竹蝗大发生时，可将竹叶全部吃光，竹林如同火烧，竹子当年枯死，第二年毛竹林很少出笋，竹林逐渐衰败，被害毛竹枯死，竹腔内积水，纤维腐败，竹子无使用价值。成虫:绿色，体长约33毫米，雄虫略小，由头顶至前胸背板中央有一显著的黄色纵纹，愈向后愈宽，触角末端淡黄色。后足腿节粗大，两侧有人字形沟纹，胫节瘦小，有刺两排。其防治方法有：

（1）人工挖卵:竹蝗产卵集中，可于小满前后人工挖除卵块。

（2）除蝻:在多数跳蝻出土未上竹前，于清晨露水未干时，用竹枝扑打，用3%敌百虫粉剂，或马拉硫磷农药喷粉或喷雾。用灭幼脲3号防治跳蝻防效也较好。还可在蝗卵地施放白僵菌，使跳蝻刚出土就感染死亡。当跳蝻已上大竹，可用林丹烟剂，每亩用量一般为0.5~0.75kg，施烟时风速应在1.5m/s以下，以保证烟熏质量。

（3）诱杀成虫:用混有农药的尿液浸稻草，或装入竹槽放到林间诱杀成虫。

（4）生物防治:在林间可栽植泡桐树，繁殖竹蝗天敌红头芫菁。

4.4 松针褐斑病

松针褐斑病，在感病针叶上，最初产生褪色小斑点，多为圆形或近似圆形，后变为褐色，并稍扩大，直径为1.5~2.5毫米,2~3个病斑连接也可造成3~4毫米的褐色段斑。发病重时，在同一针叶上常有较多的病斑，就会形成绿、黄、褐色相间的斑纹。在发病盛期，病斑产生数日后，病斑中即产生黑色小疱状的病症——病菌的无性子实体，初埋生于针叶表皮下，成熟时黑色分生孢子堆破表皮外露，当针叶枯死后，无病斑的死组织上也能产生子实体。当年生针叶感病，多于第二年5~6月枯死脱落，新生嫩叶感病，常不表现典型病斑，针叶端部迅速枯死，不久在枯死部产生黑色小点状的子实体，病害自树冠下部开始发生，逐渐向上扩展。重病松树常只有顶部2-3轮枝条梢头保持部分绿色，不久即行整株枯死。

对松针褐斑病的防治，可概括为砍、剪、清、盖、药、检六个字，具体为：

砍:砍去中心发病株;剪:剪去最下面几轮发病枝条;清:将砍下、剪下来的病株、枝清理出林外,并集中烧毁;盖:对落在地面上的发病针叶用土覆盖起来;药:因地制宜开展药剂防治,主要为0.5%~1%等量波尔多液,75%百菌清500~600倍液,25%多菌灵可湿性粉剂500倍液(在4~6月和8~9月中每隔15天喷一次,雨后补喷)及五氯酚-多菌灵烟剂(放烟时掌握天气,于8~9月每隔15天施放一次);检:加强检疫措施,积极开展产地检疫和调运检疫工作,在疫区要坚决杜绝病株、枝下山,杜绝人为传播。

4.5 杨树溃疡病

杨树溃疡病是杨树的主要枝干病害,从苗木、幼树到成年大树均可被侵害,但以苗木和幼树受害最重,造成枯梢或全株枯死。生产上造成危害的主要有三种:杨树水泡型溃疡病、杨树大斑型溃疡病和杨树细菌型溃疡病。

(1)杨树水泡型溃疡病:病害发生在主干和大枝上。在光皮杨树品种上,多围绕皮孔产生直径1厘米左右的水泡状斑;在粗皮杨树品种上,通常并不产生水泡,而是产生小型局部坏死斑;当从干部的伤口、死芽和冻伤处发病时,形成大型的长条形或不规则形坏死斑。

春季是杨树水泡型溃疡病的主要发病期,尤其在幼苗移栽后发病率较高;夏季杨树生长旺盛,病害发展缓慢;秋季杨树水泡型溃疡病可出现第二次发病高峰。

(2)杨树大斑型溃疡病:病害主要发生在主干的伤口和芽痕处,初期病斑呈水浸状,暗褐色,后形成梭形、椭圆形或不规则的病斑。病部韧皮组织溃烂,木质部也变为褐色,老病斑可连年扩大,多个病斑可连接成片,造成枯枝和枯梢。正常年份4月中旬开始发病,5~6月为发病盛期,7~8月病势减缓,9月又会有新的病斑出现,10月以后停止扩展。一般光皮杨树品种的感病程度重于粗皮树种,日灼伤口有利于病菌的侵入,树干阳面的病斑数多于阴面。

(3)杨树细菌型溃疡病:该病主要危害树干,也能在大枝上发生,发病初期,在病部形成椭圆形的瘤,直径约1厘米,外表光滑,后逐渐增大成梭形或圆柱形的大瘤,颜色变为灰褐色,表面粗糙并出现纵向开裂。夏季从病部裂缝中流出棕褐色黏液,有臭味。病瘤内韧皮部变棕红色,木质部由白色变为灰色,后变为红色。发病严重时出现腐烂,树木生长衰弱,木材腐朽不成材,严重时可致树木全株死亡。大树比幼树受害重,地势低洼的林分发病较重,夏季修枝的树比春、秋季修枝的树发病重;冻伤和修枝伤易引起发病;修枝不整齐、茬高的也易造成侵染。

防治方法:杨树溃疡病是寄主主导型病害,病害发生与否主要决定于寄主的生理健康状况。因此,对该病的防治应以营林措施为基础,化学防治为主导,提高杨树的综合抗逆性,增强抗病能力。防治要点有

①加强苗木栽培管理:起苗时避免伤根,造林时防止苗木大量失水。秋季(9月初)对来年要出圃的苗木用70%的甲基托布津200倍液普遍喷雾1次,以减少苗木带菌量。

②浸苗:早春苗木出圃后,立即在清水里浸泡24h,尽量减少运输和假植时间,栽后及时

灌水,以提高苗木生长势。

③ 应用生根粉:为了促进苗木根系的发育,提高吸水能力,栽植树前可用万分之一浓度的 ABT 3 号生根粉蘸根。

④ 加强抚育管理:杨树是喜大水大肥的树种,造林后至少应每年春浇一次透水,施一次肥。对分化的林分要合理疏伐,合理修枝,及时修除病枝。秋末在树干从干基部至 1~2m 高处涂上白涂剂,预防冻害、日灼和病虫侵入。白涂剂配方为:生石灰 5kg + 硫黄粉 0.5kg + 盐 0.5kg + 豆面 0.1kg + 水 20kg,混合均匀,也可以加入适量杀虫和杀菌剂。

⑤ 病前预防:发病高峰前(4 月初),用甲基托布津、843 康复剂、菌毒清防治。

⑥ 病后防治:发病后用 70% 甲基托布津 100~200 倍液,或退菌特 100~200 倍液,或 50% 多菌灵 200 倍液喷洒或涂刷发病部位 1~2 遍即可。

4.6 杨树天牛

杨树天牛是杨树的重要蛀干(枝)害虫,具有林木致死率高、活动隐蔽、防治困难的特性。常见的种类有光肩星天牛、青杨楔天牛、青杨脊虎天牛、云斑天牛、桑天牛等五种,被害杨树长势衰弱甚至死亡,在树干上常见蛀孔和排泄孔,排泄孔周围混有木屑的排泄物。其防治方法有——

(1)营林措施:对于新造林,按照适地适树的原则,合理搭配树种,营造不同形式的混交林。对于现有的纯林,可以进行更新改造,选择一些抗虫和免疫树种,调整树种比例,改善环境条件,增强森林的自我调控能力。

(2)设置诱饵树:在林内合理配置诱饵树,常用的诱饵树有复叶槭、合作杨和樟河柳等,诱饵树的比例为 5% 左右。在天牛成虫期向诱饵树上喷洒触破式微胶囊,集中杀灭诱集来的天牛成虫,达到保护目标树种的目的。

(3)在成虫羽化高峰期,发动群众捕捉天牛成虫,也可以采用 8% 绿色威雷 300~600 倍或者用涂干剂(2.5% 敌杀死:凡士林 = 1:9)涂毒环法(环宽 4~5cm)杀虫,或者用干基打孔注药法(20% 康福多,0.3ml/cm 胸径)防虫。另外,也可以用锤子、石头砸天牛的卵,或者在树干喷洒 50% 杀螟松乳油 100~200 倍液杀灭卵和皮下小幼虫。

(4)在幼虫期,采用活虫孔插毒签、药剂塞孔等方法杀死幼虫。按虫道方向插签,根据蛀孔的大小和蛀孔内排泄物木屑的粗细程度选择毒签的大小,将毒签插入新鲜的排粪孔内,直至不能深入为止。

(5)招引啄木鸟,在 15~20hm² 林地内,设置 4~5 段巢木,巢木间距 100m 左右。

(6)加强检疫,防治天牛人为扩散。检疫是防治天牛扩散传播的有效手段,凡是来自疫区的苗木、木材及包装箱等都必须经过检疫后方可调运。

第7章 森林调查技术

森林资源调查是为制定林业方针政策，编制国家、地方和生产单位的林业区划、规划和计划，实现森林资源的合理经营、科学管理和永续利用提供可靠的基础资料，以充分发挥森林的多种效能，更好地为社会主义建设服务。查清森林资源是开展林业生产的先决条件，其目的是避免营林和计划工作的盲目性及被动性。

1. 一类、二类、三类调查

（1）全国森林资源清查（简称一类调查）

以全国或大林区为调查对象，要求在保证一定精度的条件下能够迅速及时地掌握全国或大区域森林资源总的状况和变化，为分析全国或大区域的森林资源动态，制定国家林业政策、计划，调整全国或大区域的森林经营方针，指导和控制全国的林业发展提供必要的基础数据。森林资源的落实单位在国有林区为林业局，集体林区为县，也可以为其他行政区划单位或自然区划单位。调查的主要内容，包括面积、蓄积量、生长量、枯损量以及更新采伐等。一般在国家林业局的组织下定期实施，复查间隔期一般为5年。

（2）规划设计调查（简称二类调查）

也称森林经理调查。以经营管理森林资源的企业、事业或行政区划单位（如县）为对象，为制订森林经营计划、规划设计、森林区划和检查评价森林经营效果、动态而进行的森林资源调查称为森林经理调查。任务是为林业基层生产单位（林业局或林场）全面掌握森林资源的现状及变动情况，分析以往的经营活动效果，编制或修订基层生产单位（林业局或林场）的森林经营方案或总体设计以及特用林（如母树林、风景林等）规划设计提供可靠的科学数据。因为小班是开展森林经营利用活动的具体对象，也是组织林业生产的基本单位，所以二类调查森林资源数量和质量应该落实到小班。调查的主要内容，除了各地类小班的面积、蓄积量、生长量和枯损量外，还要进行林业生产条件的调查和其他专业调查。

二类调查的目的是为了开展全面的森林经理工作，其详细程度（深度、广度和精度要求）

取决于调查对象的经济条件、自然条件、经营水平以及森林在国民经济中的作用等。此类调查是在国家林业局统一部署下，由各省（自治区、直辖市）林业主管部门组织实施的，调查间隔期为 10 年。

（3）作业设计调查

简称三类调查，是林业基层单位为满足伐区设计、造林设计、抚育采伐设计、林分改造等而进行的调查。其目的是查清一个伐区内或者一个抚育改造林分范围内的森林资源数量、出材量、生长状况、结构规律等，据以确定采伐或抚育改造的方式、采伐强度，预估出材量以及拟定更新措施、工艺设计等。作业设计调查是基层生产单位开展经营活动的基础手段，应在二类调查的基础上，根据规划设计的要求逐年进行。森林资源应落实到具体的伐区或一定范围作业地块上。

此类调查一般由县林业主管部门或林业基层生产单位组织实施。

这三类森林资源调查，总的目的都是查清森林资源的现状及其变化规律，为制订林业计划与经营利用措施服务。这是森林资源经营管理工作的基础，无论是基层林业单位的森林资源调查资料还是全国性（或大区域）的森林资源调查资料，都是森林经营规划的主要依据。但由于这三类调查在具体的对象和目的上不一样，它们的具体任务和要求也不完全一致。一类调查是为国家、地区制定林业方针、政策和计划服务，二三类调查则是为基层林业生产及开展经营活动服务，各有自己的目的和任务，因此不能互相替代。

表 7 - 1 　　　　　　　　　　　三种森林资源调查比较

调查种类	调查总体	资源落实单位	调查内容	间隔期
一类调查	省（自治区、直辖市）	林业局（县）	面积、蓄积量、生长量、枯损量、采伐量、更新量	5 年
二类调查	林业局（县）	小班	林业生产条件调查、专业调查、小班调查、多资源调查	10 年
三类调查	作业地块	作业地块	伐区设计、造林设计、抚育采伐设计、林分改造设计	无

2. 地形图的识别

地形图具有可读性、可量性和多用性的特点，这就决定了地形图的独特功能和广泛的用途。在林业生产中，如森林资源清查、林业规划设计、工程造林、森林环境保护等，都是以地形图作为重要的基础资料开展工作的。本章的主要内容包括：地形图识图基础、地形图的分幅与编号、基本数据的求算、在地形图上进行境界线的勾绘、面积计算等。

2.1 比例尺

无论是平面图或地形图,都不可能将地球表面的形态和物体按真实大小描绘在图纸上,而必须用一定的比例缩小后按照规定的图式在图纸上表示出来。比例尺就是图上某一线段的长度 d 与地面上相应线段水平距离 D 之比,用分子为 1 的分数式表示,可表示为

$$\frac{1}{M} = \frac{d}{D} \qquad\qquad (7-1)$$

式中,M 表示比例尺分母,表示缩小的倍数。

在森林调查中,通常将比例尺大于或等于 1:5000 的图称为大比例尺图;比例尺为 1:100000 ~ 1:10000 的图称为中比例尺图;比例尺小于 1:100000 的图称为小比例尺图。

比例尺有数字比例尺和图示比例尺两种。数字比例尺如 或 1:1000 的形式,图示比例尺如图 7-1 所示。

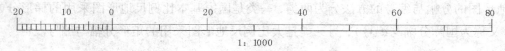

1:1000

图 7-1 直线比例尺

正常人的肉眼能分辨的最小距离为 0.10mm,而间距小于 0.10mm 的两点,只能视为一个点。因此,将图上 0.10mm 所代表的实地水平距离称为比例尺的精度,即 0.10mm。表 7-2 列出了几种不同比例尺的相应精度,从中可以看出,比例尺愈大精度数值愈小,图上表示的地物、地貌愈详尽,测图的工作量也愈大;而反之则相反。因此,测图时要根据工作需要选择合适的比例尺。

表 7-2   比例尺及其精度

比例尺	1:500	1:1000	1:2000	1:5000	1:10000
精度/m	0.05	0.10	0.20	0.50	1.00

根据比例尺精度,在测图中可以解决两个方面的问题:一方面,根据比例尺的大小,确定在碎部测量量距的精度;另一方面,根据预定的量距精度要求,可确定所采用比例尺的大小。例如,测绘 1:2000 比例尺地形图时,碎部测量中实地量距精度只要达到 0.20m 即可,小于 0.20m 的长度,在图上也无法绘出来;若要求在图上能显示 0.50m 的精度,则所用测图比例尺不应小于 1:5000。

2.2 地形图分类

在林业工作中,一般将 1:500、1:1000、1:2000、1:5000 地形图称为大比例尺地形图,1:1

万、1∶2.5 万、1∶5 万、1∶10 万地形图称为中比例尺地形图，1∶25 万、1∶50 万、1∶100 万地形图称为小比例尺地形图。

国家基本地形图是按照国家测绘总局的有关规定，规范测绘的标准图幅地形图，因其根据国家颁布的测量规范、图式和比例尺系统测绘或编绘，也称为基本比例尺地形图。各国所使用的地形图比例尺系统不尽一致，我国把 1∶100 万、1∶50 万、1∶25 万、1∶10 万、1∶5 万、1∶2.5 万、1∶1 万和 1∶5000 等 8 种比例尺的地形图规定为基本比例尺地形图。

2.3 地形图分幅与编号

地形图只是实地地形在图上的缩影，不是直观的景物，我国地域辽阔，受绘图比例尺的限制，不可能在一张有限的纸上将其全部描绘出来，因此为了便于管理和使用地形图，需按一定方式将大区域的地形图划分为尺寸适宜的若干单幅图，称为地形图分幅。为了便于贮存、检索和使用系列地形图，按一定的方式给予各分幅地形图唯一的代号，称为地形图编号。我国地形图的分幅与编号的方法分为两类，一类是国家基本比例尺地形图采用的梯形分幅与编号（又称为国际分幅与编号），另一类是大比例尺地形图采用的矩形分幅与编号。

2.4 地物符号

地物是地面上天然或人工形成的物体，如湖泊、河流、房屋、道路等。在地形图中，地面上的地物和地貌都是用国家测绘总局颁布的《地形图图式》中规定的符号表示的，图式中的符号可分为地物符号、地貌符号和注记符号三种。表 3 - 5 是在国家测绘局统一制定和颁发的"1∶500、1∶1000、1∶2000 地形图图式"中摘录的一部分地物、地貌符号。图式是测绘、使用和阅读地形图的重要依据，因此，在识别地形图之前应首先了解地物符号的分类方法。

（1）比例符号

有些地物轮廓较大，如房屋、运动场、湖泊、林分等，可将其形状和大小按测图比例尺直接缩绘在图纸上的符号称为比例符号。用图时，可在图上量取地物的大小和面积。

（2）非比例符号

有些地物很小，如导线点、井泉、独立树、纪念碑等，无法依比例缩绘到图纸上，只能用规定的符号表示其中心位置，这种符号称为非比例符号。

非比例符号上表示地物实地中心位置的点叫定位点。地物符号的定位点是这样规定的：几何图形符号，其定位点在几何图形的中心，如三角点、图根点、水井等；具有底线的符号，其定位点在底线的中心，如烟囱、灯塔等；底部为直角的符号，其定位点在直角的顶点，如风车、路标、独立树等；几种几何图形组合成的符号，其定位点在下方图形的中心或交叉点，如路灯、气象站等；下方有底宽的符号，其定位点在底宽中心点，如亭子、山洞等。地物符号的方向均垂直于南图廓。

（3）半比例符号

对于呈带状的狭长地物，如道路、电线、沟渠等，其长度可依比例尺缩绘而宽度无法依比例尺缩绘的符号，称为半比例符号。半比例符号的中心线就是实际地物的中心线。

（4）注记符号

在地物符号中用以补充地物信息而加注的文字、数字或符号称为注记符号，如地名、高程、楼房结构、层数、地类、植被种类符号、水流方向等。

2.5 地貌符号

地貌是指地表面的高低起伏形态，它包括山地、丘陵和平原等。在图上表示地貌的方法很多，而地形图中通常用等高线表示，等高线不仅能表示地面的起伏形态，并且还能表示出地面的坡度和地面点的高程。

（1）等高线

等高线是地面上高程相同的点所连接而成的连续闭合曲线。如图 7-2 所示，设有一座山位于平静湖水中，湖水涨到 P3 水平面，随后水位分别下降 h 米到 P2、下降 2h 米到 P1 水平面，三个水平面与山坡都有一条交线，而且是闭合曲线，曲线上各点的高程是相等的。这些曲线就是等高线。将各水平面上的等高线沿铅垂方向投影到一个水平面 M 上，并按规定的比例尺缩绘到图纸上，就得到了用等高线表示该山头地貌的等高线图。由图 7-2 可以看出，这些等高线的形状是由地貌表面形状来决定的。

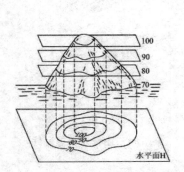

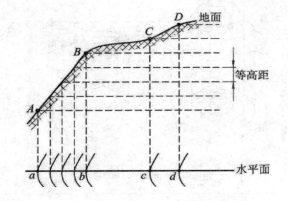

图 7-2　用等高线表示地貌的原理　　　　图 7-3　坡度大小与平距的关系

（2）等高距和等高线平距

相邻等高线之间的高差称为等高距，常以 h 表示。图 7-3 中的等高距为 5m。在同一幅地形图上，等高距是相同的。

相邻等高线之间的水平距离称为等高线平距，常以 d 表示。因为同一张地形图内等高距是相同的，所以等高线平距 d 的大小直接与地面坡度有关。地面上 AB 段的坡度大于 CD 段，其 ab 间等高线平距就比 cd 小。由此可见，等高线平距越小，地面坡度就越大；平距越大，则坡度越小；坡度相同（AB 段），平距相等。因此，可以根据地形图上等高线的疏、密来判定地面坡度的缓、陡。

同时还可以得知等高距越小,显示地貌就越详细;等高距越大,显示地貌就越简略。但是,当等高距过小时,图上的等高线过于密集,将会影响图面的清晰醒目。因此,在测绘地形图时,应根据测区坡度大小、测图比例尺和用图目的等因素综合选用等高距的大小。

（3）典型地貌的等高线

地貌的形态虽错综复杂、变化万千,但不外乎由山头和洼地、山脊和山谷、鞍部、绝壁、悬崖和梯田等基本形态组合而成,了解和熟悉典型地貌的等高线特征将有助于识读、应用和测绘地形图。典型地貌等高线形状描述如下:

①山丘和洼地（盆地） 如图7-4所示为山丘和洼地及其等高线。山丘和洼地的等高线都是一组闭合曲线。在地形图上区分山丘或洼地的方法是:凡是内圈等高线的高程注记大于外圈者为山丘,小于外圈为洼地。如果等高线上没有高程注记,则用示坡线来表示。示坡线是垂直于等高线的短线,用以指示坡度下降的方向。示坡线从内圈指向外圈,说明中间高,四周低,为山丘。而示坡线从外圈指向内圈,说明四周高,中间低,故为洼地。

②山脊和山谷 山脊是沿着一个方向延伸的高地。山脊的最高棱线称为山脊线。山脊等高线表现为一组凸向低处的曲线（见图7-5）。山谷是沿着一个方向延伸的洼地,位于两山脊之间。贯穿山谷最低点的连线称为山谷线。山谷等高线表现为一组凸向高处的曲线。

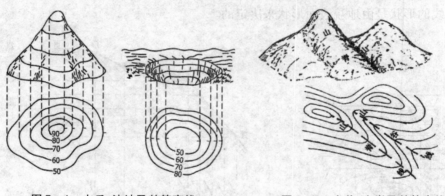

图7-4 山丘、洼地及其等高线　　图7-5 山谷、山脊及其等高线

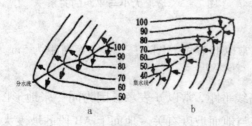

图7-6 分水线和集水线

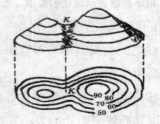

图7-7 鞍部及其等高线

山脊附近的雨水必然以山脊线为分界线,分别流向山脊的两侧（见图7-6a）,因此,山

脊又称为分水线。而在山谷中，雨水必然会由两侧山坡流向谷底，向山谷线汇集(见图7－6b)，因此，山谷线又称为集水线。

③ 鞍部

鞍部是相邻两山头之间呈马鞍形的低凹部位，如图7－7所示。鞍部(K点处)往往是山区道路通过的地方，也是两个山脊与山谷会合的地方。鞍部等高线的特点是在一圈大的闭合曲线内，套有两组小的闭合曲线。

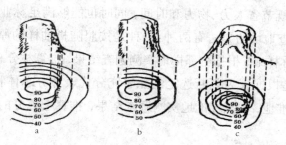

图7－8 峭壁、悬崖及其等高线

④ 峭壁和悬崖

近于重直的陡坡叫峭壁，若用等高线表示将非常密集，所以采用峭壁符号来代表这一部分等高线，如图7－8(a)所示。垂直的陡坡叫断崖，这部分等高线几乎重合在一起，故在地形图上通常用锯齿形的峭壁来表示，如图7－8(b)。

悬崖是上部突出、下部凹进的陡坡，这种地貌的等高线如图7－8(c)所示，等高线出现相交，俯视时隐蔽的等高线用虚线表示。

还有某些特殊地貌，如冲沟、滑坡等，其表示方法参见地形图图式。

了解并掌握了典型地貌等高线，就不难读懂综合地貌的等高线图了。图7－9是某一地区综合地貌及其等高线图，读者可自行对照阅读。

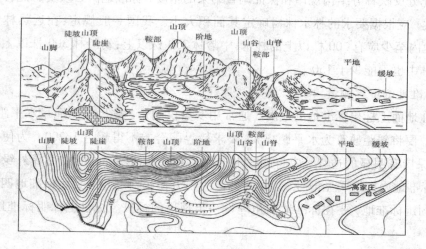

图7－9 等高线表示综合地貌

3. 标准地的测量与设置

（1）标准地定义

在进行林分调查或某些专业性的调查时，一般不可能也没有必要对全林分进行实测，而往往是在林分中，按照一定方法和要求进行小面积的局部实测调查，并根据调查结果推算整个林分。这种调查方法既节省人力、物力和时间，同时也能够满足林业生产上的需要。在局部调查中，选定实测调查地块的方法有两种：一种是按照随机抽样的原则，设置实测调查地块，称作抽样样地，简称样地，根据全部样地实测调查结果，推算林分总体，这种调查方法称作抽样调查法；另一种是根据人为判断选定的能够充分代表林分总体特征平均水平的地块，称作典型样地，简称标准地，根据标准地实测调查结果，推算全林分的调查方法称作标准地调查法。

（2）标准地的选设原则为：

①标准地必须具有充分的代表性。

②标准地不能跨越林分。

③标准地不能跨越小河、道路或伐开的调查线，且应离开林缘（至少应距林缘为 1 倍林分平均高的距离）。

④标准地内树种、林木密度应分布均匀。

（3）标准地的形状和面积

①标准地的形状

一般为正方形或矩形，并尽可能使面积为整数，以便于测量、调查和计算。

②标准地的面积

为了充分反映林分结构规律和保证调查结果的精度，标准地内必须要有足够数量的林木株数，因此，应根据要求的林木株树确定其面积大小。我国一般规定：在近熟林和成过熟林中，标准地内至少应有 200 株以上的林木；中龄林 250 株以上；幼龄林 300 株以上。在林相整齐的人工林中也不能少于 150 株。

（4）标准地的境界测量

是指在地面上标出标准地的范围。通常用罗盘仪测角，皮尺或测绳量水平距（林地坡度大于 5°时，要将斜距改算为水平距离）。要求境界闭合差不得超过 1/200。为使标准地在调查作业时保持有明显的边界，应将测线上的灌木和杂草清除，同时在边界外缘树木的胸高处，朝向标准地内标出明显记号，以示界外。为了方便核对与检查，在标准地四角设临时标桩。如为固定标准地，要在标准地四角埋设一定规格的标桩。标桩上标明标准地号、面积和调查日期等。

（5）标准地调查方法

①每木调查(每木检尺)

在标准地内分别树种测定每株树木的胸径,并按径阶记录、统计的工作,称为每木调查或每木检尺。这是林分调查中的最基本的工作,同时也是计算某些林分调查因子(如林分平均直径、林分蓄积量、材种出材量等)的重要依据。

a. 确定径阶大小:每木调查前,应先目测平均胸径,确定径阶的大小,按规定:平均直径在 $6\sim12cm$ 时以 $2cm$ 为一个径阶;小于 $6cm$ 时以 $1cm$ 为一个径阶;大于 $12cm$ 时以 $4cm$ 为一个径阶;对人工幼林和竹林常采用以 $1cm$ 为一个径阶。

b. 确定起测径阶:是指每木检尺的最小径阶。根据林分结果规律,同龄纯林的最小胸径近似地等于平均胸径的0.4倍。因此,在实际工作中,常以平均胸径的0.4倍作为起测径阶。胸径小于最小径阶的树木视为幼树,不进行每木检尺。如,某林分目测平均胸径为 $16cm$,最小胸径约为 $16cm\times0.4=6.4cm$,如以 $2cm$ 为一个径阶,则起测径阶可定为 $6cm$ 。

c. 划分材质等级:每木调查时,不仅要按树种记载,而且还要按材质分别统计。材质划分是按树干部分长度及干形弯曲、分叉、多节、机械损伤等缺陷,划分为经济用材树、半经济用材树和薪材树三类,根据我国规定的标准,用材部分长度占全树干长度40%以上的树为用材树;而用材长度在 $2m$ (针叶树)或 $1m$ (阔叶树)以上但不足树干长度40%的树木为半用材树;用材长度不足 $2m$ (针叶树)或 $1m$ (阔叶树)的树为薪材树。在计算林分经济材出材级时,两株半用材树可折算为一株用材树。

d. 每木调查:测径时,测径者与记录员要互相配合,测径者从标准地的一端开始,由坡上方沿等高线按"S"形路线向坡下方进行检尺。测者每测定一株树要把测定结果按树种、径阶及材质类别报给记录员,记录员应同声回报并及时在每木调查记录表的相应栏中用"正"字法记载。为防止重测和漏测,要在测过的树干上朝着前进方向的一面作记号。正好位于标准地境界线上的树木,本着一边取另一边舍的原则,确定检尺树木。

②测树高

林分平均高:

为计算林分平均高或各径阶平均高,要在标准地测定 $20\sim25$ 株优势树种林木的树高和胸径(中央径阶 $3\sim5$ 株,其他径阶 $2\sim3$ 株),并把量测的实际值记录"测高记录表"中。测高样木的选取方法为:

a. 沿标准地对角线两侧随即选取。

b. 采用机械选取法,即以每木调查时各径阶的第1株树为测高树,以后按每隔若干株(如5株或10株)选取1株测高树。

对于混交林中的次要树种,一般仅测定 $3\sim5$ 株近于平均直径林木的胸径和树高,以算术平均值作为该树种的平均高。

优势木平均高:

可在标准地中均匀设 $3\sim6$ 个点,在每个点周围 $100m^2$ 范围内量测1株最高树的高度,取其算术平均值作为优势木平均高。

③测定年龄

可查阅资料、访问确定，也可用生长锥、查数伐桩年轮、查数轮生枝或伐倒标准木等方法确定。

④林分起源

主要方法有考查已有的资料、现地调查或者访问等。

⑤郁闭度

主要采用样点法或目测法确定。

⑥各项林分调查因子的确定

在标准地外业调查的基础上，计算出林分平均直径、平均高、年龄、树种组成、地位级（或地位指数）、疏密度（或郁闭度）、株树密度、断面积、蓄积量、材种出材量及出材级等。

⑦林分环境因子的调查

在标准地调查工作中，需视具体要求调查林分环境因子，其主要内容有：

a. 幼树、下木及活地被物调查

调查记载种类、层次、高度、频度、盖度、生长状况及分布特点等。

b. 土壤调查

调查记载土壤名称、母质、母岩、层次、厚度、颜色、结构、质地等。

c. 环境因子调查

调查标准地位置的海拔高度、地形、坡度、坡向、坡为等。

d. 林分特点

调查记载病虫害种类及危害程度、人为破坏程度、卫生状况、近期实施的经营活动和人工林的造林简史等。

4. 小班区划与调查方法

（1）小班区划

根据经营要求和树种林学特征，在林班内划分出不同的地段（林地或是非林地等），这样的地段（林地）称为小班。小班既是最基本的经营单位，也是森林系统清查和统计计算的基本单位。

划分小班的原则是每个小班内部的自然特征基本相同或相似，并与相邻小班又有明显区别的森林地段。也就是说，调查因子的显著差别是区划小班的依据。

①划分小班的依据

凡能引起经营措施差别的一切明显因素，皆可作为区划小班的依据。

②区划小班的方法

小班区划的方法可分为三种：用航空相片（卫星相片）判读勾绘、用地形图现地调绘和罗盘仪实测。

小班区划成图后，按要求进行小班编号与面积求算。小班编号以林班为单位，用阿拉伯数字注记，其编写方法与林班编号相同。面积求算是在各级区划结束后，采用国际分幅理论面积作为控制，逐级进行计算。各级区划单位的面积均以公顷为单位。

（2）小班调查方法

根据小班调查地区森林特点、调查等级、调查目的和要求的不同，可以采用目测法、实测法、回归估计法及其他能达到精度要求的方法来调查各小班的测树因子。

①目测调查

目测调查方法就是调查人员凭目测能力并配合使用一些辅助工具盒调查用表对各种调查因子进行计测的方法。此方法简便迅速，但要求有较高的技术水平。因此，必须要由目测经验丰富并经培训考核合格的调查员担任。

②样地实测法

在预定的范围内，通过随机、机械或其他抽样方法，布设圆形、方形、带状或角规样地，在样地内实测各项调查因子，以推算总体的方法。

a. 标准地法

标准地调查方法属典型抽样调查方法，是人们主观地在小班内选择具有代表性的地块进行调查，用以推算全小班的调查方法。标准地的形状多采用带状，带状标准地应设在与等高线垂直或成一定角度，通过全小班且具有代表性的地方，带宽一般在 4 ~ 6m。标准地的实测比例视林分类型而异。一般人工林为 2% ~ 3%；天然林或整齐的成、过熟林为 3% ~ 5%；复杂混交林或不整齐成、过熟林为 6% 以上。

在标准地内实测各项调查因子后，根据标准地所取得的各项数据来推算全小班的各项调查因子数据。

b. 角规调查法

在林分透视较好的条件下，调查人员如有使用角规调查的经验，可采用角规调查方法。此法比标准地法速度快，方法简单易行、效率高，但观测时操作要严格、认真，如掌握不好往往会出现较大偏差。利用角规可以采用角规绕测和角规控制检尺两种方法。后者较前者麻烦些，但可以得到株数分布序列，精度也高些。

采用角规调查应注意如下几个技术问题——

选择适宜的角规常数：角规常数大小的选择决定了每个样点观测株数的多少。同一林分常数小的角规观测的株数多，相反则少。

每个样点观测株数的多少影响着观测结果的稳定性。观测的株数过多和过少都会影响调查的精度。所以，角规常数的确定应考虑观测株数的多少。

每个样点的观测株数一般稳定在 10 ~ 20 株的范围较适宜。根据经验，在不同的林分中测定断面积时，可以根据林分平均直径选用常数不同的角规，如表7-3所示。

表7-3　　　　　　　　　　　　　　　角规常数确定表

林分特征	角规常数
D 5~16cm，P 0.3~0.5 的幼、中龄林	0.5
D 17~28cm，P 0.6~1.0 的中、近熟林	1.0
D 28cm 以上，P 0.8 以上的成、过熟林	2.0 或 4.0

角规点数的确定：角规点的多少直接影响调查精度。确定角规点的数量，应在满足调查精度要求的前提下，尽量使数量少。

采取典型选样的方法，角规点数应根据林分类型，小班面积大小不同而异。我国目前生产上常用的角规布点密度可按表7-4规定来确定。

表7-4　　　　　　　　　　　　　　　小班面积和角规测定数

面积(hm²)	1	2	3	4	5	6	7~8	9~10	11~15	16以上
点数	5	7	9	11	12	14	15	16	17	18以上

角规点的选设：可采取典型或随机选设两种方式。典型选设就是角规观测点设置在有代表性的地点。若采取随机选设的方式，则角规点选设应本着随机原则，在相片或图面上布设，然后在现地用罗盘仪定向，用测绳量距确定各点的位置。

一个角规点应进行2次观测，2次观测值之差不得超过1/10，然后取平均值。

c. 回归估计法

回归估测法包括目测与实测的回归估测、角规与实测的回归估测、相片判读与地面实测的回归估测等。在有航片和航空蓄积量表或航空数量材积表的条件下，采用此法将各调查因子落实到小班，在保证一定精度的同时，可使小班调查功效显著提高。其工作步骤如下——

小班判读：在相片上用轮廓判读法把各地类和有林地小班勾绘出来。

判读小班的转绘和求积：与一般的转绘求积方法相同。

计算小班的判读蓄积量：根据小班判读的优势树种、龄组、郁闭度、地位级或平均高等，查相应的蓄积量表或数量化材积表，确定各小班的判读蓄积量。

计算实测小班的数量

$$n = \frac{t^2 c^2}{E^2}(1 - r^2)$$

式中，n ——实测小班数；

t ——可靠性指标；

c ——蓄积变动系数；

r ——判读蓄积与实测蓄积的相关系数。

例：某林区预计小班每公顷蓄积的变动系数为0.45，判读蓄积与实测蓄积的相关系数为

0.65，规定估计相对误差限为10%，可靠性为95%，所以抽取的小班数为：

$$n = \frac{1.96^2 \times 0.45^2}{0.1^2} \times (1-0.65)^2 = 45 \text{ 个}$$

增加10% ~ 20%的安全系数，应抽取50 ~ 55个实测小班。

实测小班的抽取：可用随机数字表或用随机起点：抽取法抽取实测小班，后者较前者分布均匀。

实测小班的调查：凡被抽中的小班应采用全林每木检尺的方法实测小班的蓄积量。实际上因工作量太大无法推广，小班内强精度抽样法估计小班蓄积量以代替全林实测。小班内强精度抽取的样地数，最低限应满足一个大样本（$n > 50$），样地面积可适当缩小为0.01 ~ 0.02hm²，其设置与调查方法与系统抽样相同。此外，也可采用角规控制检尺法。

建立判读蓄积与实测蓄积的回归方程：实现利用判读蓄积与实测蓄积在坐标纸上绘制散点图以判定方程类型是否属于线性关系。然后利用判读蓄积和实测蓄积，估计回归方程 $Y = A + BX$ 中的参数 A 和 B。

计算总体每公顷蓄积量估计值及其方差估计值、估计误差限及估计区间。

计算各小班每公顷蓄积量的回归估计值及小班的蓄积量。

以各小班每公顷蓄积估计值乘以小班面积，得出各小班蓄积量。

估计总体总蓄积量：

总体每公顷蓄积估计值乘以总体面积，得出总体的总蓄积量。

d. 总体蓄积量抽样控制

森林经理调查要求按小班提供蓄积量，同时应在总体范围内，采用抽样调查方法设置实测样地进行抽样调查，以控制调查总体的蓄积量精度。常用的方法为目（实）测与抽样调查相结合的方法，即目（实）测用以取得小班森林蓄积量数字，而抽样调查用以取得总体的森林蓄积量。抽样调查方法可采用随机（系统）抽样、分层抽样、双重回归抽样等。国有林业局、国有林场应以林场为总体进行蓄积量抽样控制，而一般林区县或少林县则以地区（市）为总体。不论总体大小，都必须保证总体范围内调查方法和调查时间的一致性。抽样调查的精度以林场为总体时按 A、B、C 等级不同，其精度要求分别为95%以上、90%以上、85%以上。关于抽样方法的选择可根据调查单位的具体条件确定。

在总体范围内，结合小班调查设置样地。样地布设要符合随机原则，数量要符合精度要求，定位按固定样地操作。所有下班蓄积累计都要同总体抽样调查蓄积对比。凡调查的林班小班累计蓄积同总体抽样蓄积相差（累偏）小于 ±1 倍允许误差的，即认为符合精度要求，并以累计数字为总资源数字；累偏在 ±1 ~ ±2 倍允许误差的，应进行检查，除找出并纠正误差较大的因素外，应对林班小班蓄积进行修正，直至达到精度要求为止；凡累偏大于 ±2 倍允许误差的，应对蓄积量重新进行调查。

5. 常用蓄积量测量方法

（1）平均标准木法

林分中胸径、树高、形数与林分的平均直径、平均高、平均形数都相同的树木，叫作平均标准木。而根据平均标准木的实测材积推算林分蓄积量的方法，称作平均标准木法。具体测算步骤如下：

①在标准地内进行每木调查，计算平均直径；

②实测一定数量树木的胸径、树高、绘制树高曲线，并从树高曲线上确定林分平均高；

③选 1~3 株与林分平均胸径和林分平均树高相接近（一般要求相差不超过 ±5%）且干形中等的树木作为平均标准木，伐倒并用区分求积法实测其材积；

④按下式求算标准地蓄积量，再按标准地面积把蓄积量换算为单位面积的蓄积量（m^3/hm^2）。

$$M_{0.1} = \frac{G_{0.1} \sum\limits_{i=1}^{n} V_i}{\sum\limits_{i=1}^{n} g_i}$$

式中，n— 标准木株数；

—第 i 株标准木材积（m^3）和断面积（m^2）；

—标准地的总断面积（m^2）和蓄积量（m^3）。

（2）材积表法

在生产实践中，为了提高工作效率，林分蓄积量的确定更多的是应用预先编制好的立木材积表。

根据立木材积与胸径、树高和干形三要素之间的关系编制的，载有各种大小树干平均材积的数表，叫作立木材积表。

①一元材积表

根据胸径一个因子与材积的关系编制的数表称为一元材积表。一元材积表的一般形式是分别径阶列出单株树干平均材积，如表 7-5 所示。

表 7-5　　　　　　　　　　　　江西赣南杉木一元材积

径阶（cm）	6	8	10	12	14	16	18
材积（m^3）	0.006	0.015	0.028	0.047	0.071	0.110	0.138

一元材积表只考虑材积依胸径的变化，但在不同条件下，胸径相同的林木，树高变幅很大，对材积颇有影响，因而一元材积表一般只限在较小的地域范围内使用，故又称为地方材积表。

利用一元材积表测定林分蓄积量的方法及过程很简单，即根据标准地每木调查结果，分别树种选用一元材积表，分别径阶（按径阶中值）由材积表上查出各径阶单株平均材积值，再乘以径阶林木株数，即可得到径阶材积。各径阶材积之和就是该树种标准地蓄积量，各树种的蓄积量之和就是标准地总蓄积量。依据这个蓄积量及标准地面积计算每公顷林分蓄积量，再乘以林分面积即可求出整个林分的蓄积量。

②二元材积表

是以胸径和树高两个因子与材积的关系编制的数表。由于它的使用范围较广，又是最基本的材积表，故又叫一般材积表或标准材积表应用二元材积表测算林分蓄积。一般是经过标准地调查，取得各径阶株数和树高曲线后，根据径阶中值从树高曲线上读出径阶平均高，再依径阶中值和径阶平均高(取整数或用内插法)从材积表上查出各径阶单株平均材积，也可将径阶中值和径阶平均高代入材积式计算出各径阶单株平均材积。径阶材积、标准地蓄积、每公顷林分蓄积量及林分蓄积量的计算方法同一元材积表法。

（3）标准表法

应用标准表确定林分蓄积量时，只要测出林分平均高和每公顷总断面积(G)，然后从标准表上查出对应于平均高的每公顷标准断面积($G_{1.0}$)和标准蓄积量($M_{1.0}$)，按下式计算每公顷蓄积量(M)：

$$M = \frac{G}{G_{1.0}} \cdot M_{1.0} = P \cdot M_{1.0}$$

由于$M_{1.0}/G_{1.0} = Hf$，因此，依林分平均高从形高表查出形高值后也可用下式计算林分每公顷蓄积量(M)：

$$M = G \cdot Hf$$

例：测得某马尾松林分平均高 15.5m，每公顷胸高总断面积 23.038m^2，求林分每公顷蓄积量(M)。

根据平均高 15.5m，从相应树种标准表中查得，$G_{1.0} = 39.0 m^2/hm^2$，$M_{1.0} = 287.4 m^3/hm^2$，$Hf = 7.370$。则该林分每公顷蓄积量为：

$$M = \frac{G}{G_{1.0}} \cdot M_{1.0} = \frac{23.038}{39.0} \times 287.4 = 169.77(m^3/hm^2)$$

或 $M = G \cdot Hf = 23.038 \times 7.370 = 169.77(m^3/hm^2)$

（4）平均实验形数法

先测出林分平均高(H)与总断面积(G)，再从平均实验形数表中查出相应树种的平均实验形数($f\partial$)值，代入下式计算标准地蓄积量：

$$M_{0.1} = G(H + 3) \cdot f\partial$$

例：经调查某马尾松林分的 $G = 2.3038 m^2$，$H = 15.4 m$，从主要乔木树种平均实验形数($f\partial$)表中查得马尾松的 $f\partial = 0.39$，则该标准地蓄积量为：

$$M_{0.1} = G(H + 3) \cdot f\partial = 2.3038 \times (15.4 + 3) \times 0.39 = 16.5321$$

林分每公顷蓄积量为：

$$M = 16.5321/0.1 = 165.3210(m^3/hm^2)$$

6. 遥感判读

6.1 遥感图像特征

图像特征是指经过图像处理后的形状、大小、色调、阴影、纹理、质感、位置布局和活动特征等几方面的特征。

（1）形状特征

形状特征是指地物外部轮廓的形状在影像上的反映，不同类型的地物有其特定的形状，因为地物影像的形状是识别地物的重要依据。

（2）大小特征

大小特征是地物的影像尺寸，如长、宽、面积、体积等。地物的大小特征主要取决于影像的比例尺，有了影像比例尺就能够建立地物和影像的大小联系。

（3）色调特征

色调特征是指地物的色调在影像上的表现形式，包括黑白影像上目标的亮度（即灰度）和彩色影像上目标的颜色。地物的形状、大小在影像上都要通过色调显示出来，所以色调特征是最基本的判读特征。如 SPOT5 的假彩色图像，植被表现为红色。

（4）阴影特征

阴影的存在对目标判读有两方面的效果，一是阴影的存在对于判读目标的形状等几何特性非常有利，二是对于落在阴影中的地物进行判读增加了困难。阴影可以分为本影和落影，本影是指物体未被太阳光直接照射到的阴暗部分，本影有助于获得立体感。落影是指地物投射到地面的影子，在大比例尺影像上，落影有助于确定地物的高度。

（5）纹理特征

纹理特征是指细小物体在影像上大量地重复所形成的特征，它是大量个体的形状、大小、阴影、色调的综合反映。在地物的光谱特性比较接近的情况下，纹理特征对区分目标可能起到重要的作用。纹理特征受影像比例尺和地物大小的影响较大，地面上一定范围内的目标，在大比例尺影像上，区域内的每个个体都能在影像上清晰地表现出来，而纹理特征并不明显。而在小比例尺影像上，其纹理特征要明显得多。

纹理表现形式有两种，一种是结构纹理，结构纹理可由纹理单元按一定的规律生成；另一种是随机纹理，随机中个体在空间上重复出现的规律性不强，自然纹理基本上表现为随机纹理。衡量纹理特性的参数主要有纹理粗糙度和方向性。

（6）位置布局特征

位置布局特征是指地物的环境位置以及地物间的空间位置配置关系在影像的反映，也称为相关特征。它是重要的间接判读特征。

在进行判读工作前，必须要认真分析并掌握卫星图像的图像特征及其规律。

6.2 目视判读

调查人员应先进行一些外业调查，熟悉各种实际地物与图像（形状、大小、色调、纹理等）之间的对应关系，建立涵盖判读范围的判读解译标志，加深理解判读标志，准确把握遥感成像时的地物状况，全面分析图像要素。判读人员还应充分掌握除图像以外的有关文字、数据、图面资料，对能够做判读的小班因子进行判读，没有把握作判读的因子要去实地调查。

（1）判读时应遵循几项原则

先整体后局部：卫星遥感图像是一幅完整的整个区域各要素在内的综合反映的图像，因此判读时要从整个大局出发，考虑整体效果，只有在整体的基础上再加局部判读其效果才最佳，可做到从大到小、逐步分解。

先已知后未知：有些类型要素在卫星图像上可能反映较差，再加上判读人员对遥感专业调查要求不大清楚，因此，要素之间可能很难区分。但是绝大部分类型要素是能判读的，是已知的，因此，必须先将已知的肯定的判读好，而对于那些判读人员自己认为是未知的则应放在较后，可通过交流、参考辅助资料或必要时进行一些野外补充调查后加以确定。

易后难，先简单后复杂：卫星图像上总有一些要素的判读是容易的、简单的、相对的，另一些要素则要困难些、复杂些。判读过程先易后难、先简单后复杂。一是能提高判读效率；二是对于判读较难、较复杂的部分可以花一些时间去分析其原因，找出规律，从而提高整体的判读精度和效率。

先一般后专业：林业卫星遥感的调查，其中有些内容是非专业性要素的调查，如非林业用地的农田、水域的区域就是非专业性的，但绝大部分是专业性调查，而专业要素的判读其指标较好，相对复杂，要求准确性高，有时把握性较小，常需分析。经验表明，先一般后专业的判读过程能够提高工作效益，而且专业类型的判读精度也提高了。

充分参考辅助资料：对于林种、事权及管理类别、林地林木的权属、起源、流域、工程类别、退耕或征占与否等因子，这些是非自然现象因子以及目视判读中难以判读的因子，要充分利用已掌握的有关资料或询问当地技术人员、到现地调查等方式予以解决。

（2）小班区划

行政界线的核定：对卫片图上输出的县（市、区）、乡（镇、场）、村委会（分场）界线，出外业前在室内先进行核对。以县（市、区）为单位在室内确定好各乡镇的行政界线，以乡镇为单位确定好村委会（分场）行政界线，再到现场核定是否准确无误。

小细班界线初步勾绘：用卫片图先在室内进行勾绘。对面积较大的细班、在室内可以勾绘的细班，先在室内勾绘，室内无法勾绘的则应到现场对照勾绘。

小细班界线外业调整：用卫片图，到现场核实小班、细班区划是否合理，并进行现场修正。

小细班界线录入计算机:完成区划和调查的卫片图、区划图作为底图,进行清绘,清绘完成后进行扫描输入计算机,利用图形数字化软件进行矢量化,将区划的小细班界线录入计算机。

(3)SPOT5 卫星影像的工作步骤

以 SPOT5 遥感数据为信息源进行遥感判读,主要工作步骤如下——

判读工作准备阶段:首先是选择恰当时像的遥感影像与合适波段处理数据制作遥感影像图。对于森林资源规划设计调查工作来讲,最适宜的时像为 4 月底至 5 月初和 10 至 11 月初的遥感数据;而 B342 的波段组合最适宜林地小班属性信息的提取;其次是收集并分析有关资料,如判读地区的上期森林规划设计调查资料(包括图、文、表)、连续各年度分工程类别的造林设计、更新及验收资料以及影响各地类判读可参考的其他资料;最后,培训判读区划人员。

判读解译标志的建立:以 SPOT5 影像景幅为单元,每景选择 3 ~5 条能覆盖区域内所有地类和树种(组)、色调齐全并且具有代表性的建标线路。运用 GPS 的定位功能,将卫星影像特征与实地情况相对照,获得各地类与森林类型在影像图上影像的特征,将各地类与森林类型的影像色调、光泽、质感、几何形状、地形地貌及地名等因素记载下来,现地记录坐标、海拔、地类、林种、优势树种(组)、起源、郁闭度、龄组、坡度、坡向等因子,建立目视判读与实地的相关关系,并拍摄地面实况照片,建立遥感影像图的判读样片。通过野外踏查和室内分析,把判读类型与现地实况形成对应关系,进行归纳、整理、建立遥感影像特征与实地情况相对应的解译标志表,作为判读的依据。

试判读与正判率考核:根据所建立的目视判读标志,综合运用其他各种影像信息特征,选取一定数目的各地类小班进行试判,正判率超过 90% 方可正式上岗,不足 90% 的,要分析错判原因,必要时修订解译标志表。

正式判读:运用直接判读法、对比分析法、信息复合法、综合推理法、地理相关分析法等方法进行全面的目视解译判读,并根据判读结果填写小班属性因子登记表。对于目视判读中难以区别的地类,如灌木林地、未成林造林地、宜林地必须充分利用以往有关资料或当地技术人员掌握的情况进行区划,或到现地进行实测勾绘。

现地验证:对全面判读的初步结果,进行现地验证,实地验证的小班数不少于小班总数的 5%,并按照各地类和树种(组)判读的比例分配。实地验证的目的主要以检验判读的质量和解译精度。再者,通过现地验证,对室内判读难以识别的、存在疑问的小班进行现地核实,以提高解译的准确性。

通过对 SPOT5 遥感影像的判读,以及现地验证、质量检验等工作步骤,完成对小班属性因子数据库的建立,从而为森林资源管理信息系统的建立提供可靠的基础数据。

7. 地理信息系统

（1）地理信息系统的概念

地理信息系统（GIS）是一种特定的空间信息系统，以采集、储存、管理、分析和描述整个或部分地球表面（包含大气层）与空间和地理分布有关的数据的空间信息系统。其种类可分为全球的、区域的和局部的三种。

（2）GIS 的数据模型

在数字计算机中，GIS 自然也是用数字来描述地理实体（或称为"地理对象"）的，地理实体在 GIS 中的这种数字组织与表达形式，即 GIS 的数据模型。

GIS 中，用于表示地理对象位置、分布、形状、空间相互关系等信息内容的数据，被称为"空间数据"，而表示地理对象与空间位置无关的其他信息，如颜色、质量、等级、类型等其他信息内容的数据则被称为"属性数据"。一般来讲，前者有较为复杂的数据结构，而后者却有较为丰富的数据形式。

目前，表示地理对象空间特征的数据，主要有两种数据模型，即矢量数据模型和栅格数据模型，而地理对象属性数据的表示则随其对应的空间数据模型的不同而有所不同。

（3）GIS 的基本功能

①数据输入功能

地理数据常来源于地图底图、数字化扫描数据或其他标准在数字格式地图。数据能以矢量或栅格数据形式被输入、存储和维护。矢量数据包括点、线、面（多边形），每组数据有一系列的坐标和相关属性。栅格数据采用栅格像元的行和列表示，每个像元能够在栅格中分配一个属性和一个唯一位置。

②图形和文本编辑功能

图形的输入是将各种地图信息数据进行数字化或转换，以获得基本图形数据组织——表。根据数据源可用数字化仪、扫描仪等数据格式输入。

③数据储存与管理功能

在 GIS 中，数据库称为表。可以使用两种表来建立、存储、查询和显示属性数据。一种是数据表，可分为包含图形（地图）对象的数据表和不包含图形对象的数据表。例如电子表格或外部数据表。一种是栅格表，它是一种只能在地图窗口中显示的图像，没有数据表的记录、字段和索引等表结构。

④空间数据查询功能

空间查询是地理信息系统的最基本的功能之一。空间查询主要包括图形查属性、属性查图形、图形与属性混合查询。图形查属性是根据图形的空间位置来查询有关属性信息。属性查图形是根据一定的属性条件来查询满足条件的空间实体的位置。图形与属性的混合查询是一种更为复杂的查询，查询的条件并不仅仅是某些属性条件或某个空间范围，而常常是两者的综合。这样的查询常常是基于某些空间关系和属性特征，比较复杂，在空间查询中是比较难于完成的。

⑤空间分析功能

地理信息系统区别于其他管理信息系统的最主要特征，就是其具有管理地理空间数据，并能按照其在实际空间的相对位置关系对之进行处理分析的能力。其对地理空间数据的这种处理分析功能，组成了地理信息系统实际应用的主要方面。

8. 成果材料编制

8.1 外业调查成果

（1）小细班调查记录卡一份；

（2）样地调查记录卡两份，县（市、区）自留一份，上报设区市森林资源监测中心（站）一份；

（3）外业小细班区划地形图一份；

（4）其他调查原始资料。

8.2 数据库建立

（1）将小班因子调查记录表、样地因子调查记录表、样地每木检尺登记表、乡镇场级代码对应表、村级代码对应表输入计算机并建立森林资源数据库。在小班数据库的基础上，根据林改宗地图与小班区划图，把小班数据库分解成宗地数据库。

（2）总体特征数计算：根据样地数据库，按系统抽样方法计算总体特征数。

（3）抽样总体各类面积、蓄积及其抽样精度计算：蓄积分类（层）按系统抽样公式，面积分类按成数抽样公式分别计算。当总体蓄积量抽样精度达不到规定的要求时，要重新计算样地数量，并布设、调查增加的样地，然后重新计算总体蓄积量、蓄积量标准误和抽样精度，直至总体蓄积量抽样精度达到规定的要求。

（4）小细班蓄积计算：

进行了小班实地调查法（如目测调查或角规调查）测定小班蓄积的单位要平差小班调查各类蓄积：用小班调查蓄积累加与总体抽样控制蓄积量对比，当两者差值不超过±1倍的标准误时，即认为由小班调查汇总的总体蓄积量符合精度要求，并用总体抽样控制蓄积平差小班累加的蓄积，使两套总体蓄积一致。当两者差值超过±1倍的标准误，但不超过±3倍的标准误时，应对差异进行检查分析，找出影响小班蓄积量调查精度的因素，并根据影响因素对各小班蓄积量进行修正，直至两种总体蓄积量的差值在±1倍的标准误范围以内，再对全县小班进行平差。当两者差值超过±3倍的标准误时，小班蓄积量调查全部返工。

未进行蓄积量实地调查（如目测调查或角规调查）的小细班，采用样地计算的各层（优势树种、郁闭度、龄组）平均每公顷蓄积，计算各小细班蓄积。

8.3 统计表编制

（1）统计表编制应以数据库作为原始数据，采用计算机软件进行计算和统计；

（2）县统计表统计到乡（镇、场）；乡（镇、场）统计表统计到村（分场）。各级统计表汇总均应在小细班的基础上逐级进行。

8.4 图面资料编制

（1）基本图编制

基本图按国际分幅编制，一律使用1:10000比例尺地形图。

成图方法：采用符合精度要求的近期国家出版的1:1万地形图进行外业区划图的转绘，编制基本图。

基本图内容应包括境界线（行政区界及林场、固定小班界线、细班界线）、道路、居民点、独立地物、地貌（山脊、山峰、陡崖）、水系、地类、小班号、细班号、面积注记。

（2）林相图、森林分布图、分类经营规划图编制

林相图：以乡镇（林场）为单位，用基本图为底图进行绘制，比例尺与基本图一致。凡有林地小班应进行全小班着色，按优势树种确定色标，以龄组确定色层，并用分子式表达小班主要调查因子，其他小班仅注记小班号及地类符号。

森林分布图：以经营单位或县级行政区域为单位，用林相图缩小绘制。比例尺一般为1:50000或1:100000。其绘制方法是将林相图上的小班进行适当综合。凡在森林分布图上大于$4mm^2$的非有林地小班界均需绘出。但大于$4mm^2$的有林地小班则不绘出小班界，仅根据林相图着色区分。

分类经营区划图：以经营单位或县级行政区域为单位，利用林相图缩绘，比例尺一般为1:50000或1:100000。以反映森林类别、生态公益林事权等级和保护等级为主要内容，确定林种界线并按林种着色，以经营类型确定色层。

各种图面资料的图式均按《林业地图图式》规定执行。

具备条件的县应该用扫描仪将基本图各要素输入计算机，利用地理信息系统软件，建立森林资源地理信息系统，编制林相图、森林分布图和森林分类区划图。

8.5 成果上报

（1）县级成果上报

以县级单位建立的森林资源数据库，包括小班因子调查记录表、样地因子调查记录表、样

地每木检尺登记表、乡镇代码对应表、村代码对应表的输机数据库。

县级森林资源二类调查成果统计表。

以县级单位编制的二类调查成果报告、质量检查报告、工作总结报告。

以县级单位编制的森林分布图、分类经营区划图。

各县(市、区)完成小班区划图形矢量化和属性数据挂库，基本建成森林资源管理信息系统。

以上材料县(市、区)上报设区市林业局、森林资源监测中心(站)，经审核通过后上报省林业厅、省森林资源监测中心，上报的统计表和文字材料包括印刷版和电子版。

(2)设区市成果上报

设区市林业局根据各县(市、区)上报的统计表开展全市汇总工作，上报全市森林资源统计汇总表、质量检查报告、工作总结报告。

_____县森林资源二类调查

样地调查记录

样地间距:纵 _____ 横 _____ 公里   样地面积: 公顷

样地号:_____

样地地理坐标:横坐标:_____ 纵坐标:_____

(西南角点)

GPS 测定坐标:横坐标:_____ 纵坐标:_____

地形图分幅号:_____

乡(镇、场):_____ 村(工区):_____
村民小组:_____ 小地名:_____

调查员: 工作单位:

向 导: 单位或地址:
检查员: 工作单位:

调查日期: 年   月   日
检查日期: 年   月   日

一、样地位置图：

N ↑引点方位角 引点距离 标注样地周边明显地物，到达样地的路线	

引线测量记录

测站	方位角	倾斜角	视距	水平距	累计

二、复位概况说明：（复位条件）

_____

_____

_____

样地水泥桩及样木牌保留情况：

_____

_____

_____

定位物（树）记载表：

序号	定位物（树）名 称	定位物（树）特 征	方 位	水平距
①				
②				
③				

样地周界测量记录

测站	方位角	倾斜角	斜距	水平距	累计
闭合差：					cm

样地因子调查记录表

调查因子	调查数据	调查因子	调查数据
1. 样地号		26. 林 种	
2. 样地类别		27. 起 源	
3. 地形图图幅号		28. 优势树种	
4. 纵坐标		29. 平均年龄	
5. 横坐标		30. 龄 组	
6. 县(市、区)		31. 平均胸径	
7. 乡(镇、场)		32. 平均树高	
8. 村(分场)		33. 郁闭度	
9. 地貌类型		34. 森林群落结构	
10. 海拔高		35. 自然度	
11. 坡 向		36. 可及度	
12. 坡 位		37. 工程类别	
13. 坡 度		38. 公益林事权	
14. 土壤名称		39. 公益林保护等级	
15. 土层厚度		40. 商品林经营等级	
16. 腐殖层厚度		41. 森林灾害类型	
17. 枯枝落叶厚度		42. 森林灾害等级	
18. 灌木覆盖度		43. 森林健康等级	
19. 灌木平均高		44. 四旁树株数	
20. 草本覆盖度		45. 毛竹林分株数	
21. 草本平均高		46. 毛竹散生株数	
22. 植被总覆盖度		47. 杂竹株数	
23. 地 类		48. 天然更新等级	
24. 土地权属		49. 有无特殊对待	
25. 林木权属		50. 样木总株数	

样地每木检尺登记表

样地号：____　　上期活立木总株数：____株　　本期样木总株数：____株

立木类型	样木号	树种代码	检尺类型	直径(0.1cm)		备注	立木类型	样木号	树种代码	检尺类型	直径(0.1cm)		备注
				前期	后期						前期	后期	

第　　页，共　　页

三、复查期内样地变化情况记录 　　　　　　　样地号 _____

项目	地类	林种	优势树种	龄组
上期				
本期				
变化原因				
样地有无特殊对待及其说明				

注:样地变化情况记录用文字填写。

四、植被调查记录

	下　木					地　被　物				
植被名称										
平 均 高 m										
分布状况										
盖 度%										
总盖度%										

五、更新调查记录

树 种	株数		健康状况	破坏情况
	高≤30cm	高>30cm		

六、野生经济植物调查

名 称	密 度	产量	用途	备注

七、样地范围内样木位置图

0°

↑ 西北角　　　　　　　样地号 _____　　　　　　　　　　东北角

28														
26														
24														
22														
20														
18														
16														
14														
12														
10														
8														
6														
4														
2														

西南角2　　4　　6　　8　　10　　12　　14　　16　18　　20　22　　24　26　　28 →

90°

树种标注符号：杉类 ●　松类 △　阔叶树 +

八、样地测高记录西南角

样木号						平均
树种名称						
年 龄						
胸径 cm						
树高 m						

_____县小班因子调查记录表

_____乡（镇、场）　　　_____ 村（分场）　　　外业编号：_____

调查因子	调查值	调查因子	调查值	调查因子	调查值
1. 乡（镇、场）		23. 林 种		45. 杂竹株数	
2. 村（分场）		24. 经营类型		46. 工程类别	
3. 小班号		25. 起 源		47. 造林绿化类型	
4. 细班号		26. 优势树种		48. 公益林事权	
5. 流域名称		27. 平均年龄		49. 公益林区位类型	
6. 地貌类型		28. 龄 组		50. 公益林区域类型	
7. 平均海拔高		29. 平均胸径		51. 群落结构类型	
8. 坡 向		30. 平均树高		52. 林层结构	
9. 坡 位		31. 郁闭度		53. 树种结构	
10. 坡 度		32. 活立木总蓄积		54. 病虫害等级	
11. 成土母岩		33. 林分蓄积		55. 火灾等级	
12. 土壤名称		34. 散生蓄积		56. 其他灾害等级	
13. 土层厚度		35. 四旁树蓄积		57. 森林健康等级	
14. 腐殖层厚度		36. 四旁树株数		58. 森林自然度	
15. 植被总盖度		37. 杉类占（%）		59. 人工林生长等级	
16. 水土流失类型		38. 松类占（%）		60. 天然更新等级	
17. 水土流失强度		39. 硬阔类占（%）		61. 用材林可及度	
18. 土地所有权		40. 软阔类占（%）		62. 经营措施类型	
19. 林木所有权		41. 枯立木蓄积		63. 亩平均株数	
20. 林木使用权		42. 毛竹株数		64. 亩平均蓄积	
21. 面 积（亩）		43. 幼龄毛竹株数（%）		65. 散生木株数	
22. 地 类		44. 壮龄毛竹株数（%）		66. 宗地号	

调查员：　　　工作单位：　　　　　　　调查日期：　　年　　月　　日

检查者：　　　工作单位：　　　　　　　调查日期：　　年　　月　　日

四旁树调查记录表

调查单位	乔木株数(含5cm以下)					灌木株数	竹类株数	林木蓄积量
	杉木	松类	硬阔类	软阔类	合计			

树种名称

径阶	株数		蓄积	
	检尺株数	计	单株	计

树种名称

径阶	株数		蓄积	
	检尺株数	计	单株	计

树种名称

径阶	株数		蓄积	
	检尺株数	计	单株	计

树种名称

径阶	株数		蓄积	
	检尺株数	计	单株	计

注:树种分杉、马、软阔、硬阔调查，径阶按 2cm 进阶登记。

参考文献

[1] 何国生. 森林植物[M] 北京：中国林业出版社，2006.

[2] 方炎明. 植物学[M]. 北京：中国林业出版社，2007.

[3] 金银根. 植物学[M]. 北京：科学出版社，2006.

[4] 中国植物研究所. 中国高等植物图鉴（1～5 册）[M]. 北京：科学出版社.

[5] 中国植物研究所. 中国高等植物图鉴（补定第 1～2 册）[M]. 北京：科学出版社.

[6] 中国科学院中国植物志编委员会. 中国植物志[M]. 北京：科学出版社，1959～2001.

[7] 北京林学院. 土壤学（上册）[M]. 北京：农业出版社，1962.

[8] 黄昌勇. 土壤学[M]. 北京：中国农业出版社，2000.

[9] 陆欣. 土壤肥料学[M]. 北京：中国农业出版社，2001.

[10] 沈其荣. 土壤肥料学通论[M]. 北京：高等教育出版社，2002.

[11] 张执中等. 森林昆虫学 [M]. 北京：中国林业出版社，1959.

[12] 林英，周蓄源，杨方西. 江西森林[M]. 江西科技出版社，1986.

[13] 叶建仁. 中国森林病虫害防治现状与危害[J]. 南京林业大学学报，2000（6）

[14] 方三阳. 森林昆虫学[M]. 哈尔滨：东北林业大学出版社，1988.

[15] 陈昌洁等. 中国主要森林病虫害防治研究进展[M]. 北京：中国林业出版社，1990.

[16] 关继东. 林业有害生物控制技术[M]. 北京：中国林业出版社，2014.

[17] 宋玉双. 论现代林业有害生物防治[J]. 中国森林病虫害，2006，25（3）.

[18] 潘宏阳. 试论森林有害生物可持续控制的系统管理[J]. 北京林业大学学报, 1999(4).

[19] 杨秀好. 全球定位系统(GPS)在林业飞防上的应用初探[J]. 林业科技开发, 1999(3).

[20] 毕志树, 李进. 植物线虫学[M]. 北京: 农业出版社, 1965.

[21] 周仲铭. 林木病理学[M]. 北京: 中国农业出版社, 1981.

[22] 马世骏. 中国昆虫生态地理概论[M]. 北京: 科学出版社, 1958.

[23] 张运山, 钱拴提. 林木种苗生产技术[M]. 北京: 中国林业出版社, 2007.